高等院校新能源专业系列教材
普通高等教育新能源类"十四五"精品系列教材

融合教材

Experimental Course for the Analysis and Test of Biomass Fuel Characteristics

生物质燃料特性分析测试实验教程

主　编　陆　强
副主编　李　凯　赵　莉

中国水利水电出版社
www.waterpub.com.cn

·北京·

内 容 提 要

本书对固体生物质燃料分析测定的基本概念与原理、分析手段与规定、测定方法与步骤、误差分析与处理等进行了详细阐述，系统介绍了四类26个固体生物质燃料分析测定的典型实验，图文并茂，兼具基础性、综合性和实用性。全书共分7章，分别为绪论、固体生物质燃料采样及试样制备、固体生物质燃料分析测定基础知识、固体生物质燃料的基本物理特性分析与测定、固体生物质燃料的基本化学特性分析与测定、固体生物质燃料的基本燃料特性分析与测定、固体生物质燃料的热分解特性分析与测定。

本书可作为高等院校新能源科学与工程专业高年级本科生和研究生的实验指导书，也可供从事生物质能研究、固体生物质燃料分析检测的科技人员和固体生物质燃料加工生产及相关专业的工程技术人员阅读参考。

图书在版编目（CIP）数据

生物质燃料特性分析测试实验教程 / 陆强主编. --北京：中国水利水电出版社，2021.4
高等院校新能源专业系列教材　普通高等教育新能源类"十四五"精品系列教材
ISBN 978-7-5170-9548-4

Ⅰ. ①生… Ⅱ. ①陆… Ⅲ. ①生物燃料－分析方法－实验－高等学校－教材 Ⅳ. ①TK6-33

中国版本图书馆CIP数据核字（2021）第074499号

书　　名	高等院校新能源专业系列教材 普通高等教育新能源类"十四五"精品系列教材 **生物质燃料特性分析测试实验教程** SHENGWUZHI RANLIAO TEXING FENXI CESHI SHIYAN JIAOCHENG
作　　者	主　编　陆　强 副主编　李　凯　赵　莉
出版发行	中国水利水电出版社 （北京市海淀区玉渊潭南路1号D座　100038） 网址：www.waterpub.com.cn E-mail：sales@waterpub.com.cn 电话：（010）68367658（营销中心）
经　　售	北京科水图书销售中心（零售） 电话：（010）88383994、63202643、68545874 全国各地新华书店和相关出版物销售网点
排　　版	中国水利水电出版社微机排版中心
印　　刷	北京瑞斯通印务发展有限公司
规　　格	184mm×260mm　16开本　10.75印张　262千字
版　　次	2021年4月第1版　2021年4月第1次印刷
印　　数	0001—3000册
定　　价	**58.00元**

凡购买我社图书，如有缺页、倒页、脱页的，本社营销中心负责调换

版权所有·侵权必究

前　言

随着国民经济的快速发展，我国已成为世界第一大能源生产国和能源消费国。然而，我国能源的储采比远低于世界平均水平，能源危机日益严峻。生物质能是可再生能源的重要组成部分，生物质能的高效开发利用，对解决能源、生态环境问题将起到十分积极的作用。

从能源利用的角度出发，固体生物质燃料的物理特性和化学结构与煤等其他固体燃料存在显著差异。结合固体生物质燃料特性分析测试，准确获得生物质燃料的成分及基本特征，对于指导选择合适的生物质能转化利用方式、提高生物质能利用效率、实现生物质能安全稳定及可持续利用具有十分重要的意义。

本书在概述生物质能源及生物质相关理论知识的基础上，详细介绍了固体生物质燃料分析测定的常用分析方法、分析测试相关规定以及误差分析与处理，并重点介绍了固体生物质燃料分析测定的四类26个实验项目，涵盖固体生物质燃料的基本物理特性分析测定、基本化学特性分析测定、燃料特性分析测定、热分解特性分析测定等。

本书共7章，由华北电力大学陆强统筹规划，并担任主编，李凯和赵莉担任副主编。多位来自固体生物质燃料分析测试的一线科研教学人员参与编写，包括徐明新、赵国钦、张媛媛、张芸、王体朋、杨世关、马善为、刘丁嘉、徐桂转、杨世绵、李继红等。此外，华北电力大学生物质发电成套设备国家工程实验室研究生张镇西、李洋、冯时宇、张冠、王博、李航、范馨蕊、达娜·波拉提别克、谢文銮等协助处理文字、图表等工作。

本书在编写过程中参考了大量国家标准、行业标准和国内外有价值的文献资料，力求为广大读者呈现一本详尽的固体生物质燃料分析测试专业教程。但由于编者水平有限和时间仓促，书中难免存在不妥或疏漏之处，恳请读者批评指正，以便在后续版本中加以改进完善。

编者

2021年3月

目　　录

前言

第1章　绪论 … 1
1.1　生物质能源与资源 … 1
1.1.1　生物质的概念和分类 … 1
1.1.2　生物质的特点 … 1
1.2　生物质的化学组成和燃料特性概述 … 2
1.2.1　生物质的基本化学组成 … 2
1.2.2　生物质燃料特性概述 … 3
1.2.3　生物质燃料特性分析检测的必要性 … 4
1.3　主要术语 … 5
思考题 … 9
参考文献 … 9

第2章　固体生物质燃料采样及试样制备 … 10
2.1　固体生物质燃料采样 … 10
2.1.1　采样总则 … 10
2.1.2　采样工具及设备 … 11
2.1.3　采样方法 … 13
2.2　固体生物质燃料试样制备 … 15
2.2.1　制样总则 … 15
2.2.2　制样室、制样工具及设备 … 16
2.2.3　一般分析试样的制备方法 … 18
2.2.4　成型（颗粒）试样制备 … 20
2.2.5　试样的存储和标识 … 21
思考题 … 21
参考文献 … 21

第3章　固体生物质燃料分析测定基础知识 … 23
3.1　常用分析方法介绍 … 23
3.1.1　化学分析法 … 23
3.1.2　仪器分析法 … 24

  3.1.3 溶液及其浓度表示 ··· 24
 3.2 分析测定基础 ··· 25
  3.2.1 测定项目 ··· 25
  3.2.2 测定次数规定 ·· 26
  3.2.3 测定结果表述 ·· 27
 3.3 误差分析与处理 ·· 31
  3.3.1 测量误差 ··· 31
  3.3.2 测量不确定度 ·· 33
 思考题 ·· 34
 参考文献 ·· 34

第 4 章 固体生物质燃料的基本物理特性分析与测定 ································ 35
 实验 4-1 固体生物质燃料全水分测定 ·· 35
 实验 4-2 固体生物质燃料颗粒粒度测定 ·· 39
 实验 4-3 固体生物质成型燃料视密度测定 ·· 43
 实验 4-4 固体生物质成型燃料堆积密度测定 ·· 48
 实验 4-5 固体生物质燃料堆积角的测定 ·· 52
 实验 4-6 固体生物质成型燃料机械耐久性测定 ······································ 56
 实验 4-7 固体生物质燃料比表面积及孔结构分析 ···································· 59

第 5 章 固体生物质燃料的基本化学特性分析与测定 ································ 63
 实验 5-1 固体生物质燃料组分分析 ·· 63
 实验 5-2 固体生物质燃料元素分析 ·· 70
 实验 5-3 固体生物质燃料氮含量测定 ·· 75
 实验 5-4 固体生物质燃料全硫含量测定 ·· 80
 实验 5-5 固体生物质燃料灰成分测定 ·· 84
 实验 5-6 固体生物质燃料全钾含量测定 ·· 91
 实验 5-7 固体生物质燃料傅里叶红外分析 ·· 95

第 6 章 固体生物质燃料的基本燃料特性分析与测定 ································ 101
 实验 6-1 固体生物质燃料工业分析 ·· 101
 实验 6-2 固体生物质燃料发热量测定 ·· 107
 实验 6-3 固体生物质燃料氟含量测定 ·· 111
 实验 6-4 固体生物质燃料氯含量测定 ·· 118
 实验 6-5 固体生物质燃料灰熔融性测定 ·· 126
 实验 6-6 固体生物质燃料着火温度测定 ·· 130
 实验 6-7 固体生物质燃料结渣性测定 ·· 134

第 7 章 固体生物质燃料的热分解特性分析与测定 ·································· 138
 实验 7-1 固体生物质燃料热重分析 ·· 138

实验 7-2　固体生物质燃料热重红外分析……………………………………………… 144
实验 7-3　固体生物质燃料原位红外分析……………………………………………… 149
实验 7-4　固体生物质燃料热重质谱分析……………………………………………… 153
实验 7-5　固体生物质燃料热裂解—气相色谱质谱联用分析………………………… 160

第 1 章　绪论

1.1　生物质能源与资源

生物质能源与资源

能源，亦称能量资源或能源资源，是指能够直接取得或者通过加工、转换而取得能量的各种资源。根据基本形态的不同，能源可分为一次能源和二次能源；根据使用类型和成熟程度的不同，能源又可分为常规能源和新能源。随着国民经济的持续快速发展，我国能源的生产和消费总量已跃居世界第一。然而，我国能源的储采比远低于世界平均水平，能源危机日益严峻。

生物质能，又称生物能源，是太阳能以化学能形式储存在生物质中的能量形式，可通过物理法、热化学法、生物化学法、化学法等技术转化为各种燃料、化学品及功能性材料。我国生物质资源分布广泛，储量巨大，开发利用生物质能将对解决能源和生态环境问题起到十分积极的作用。

1.1.1　生物质的概念和分类

生物质是指利用大气、水、土地等通过光合作用而产生的各种有机体。《联合国气候变化框架公约》定义生物质为"来源于植物、动物和微生物的非化石物质且可生物降解的有机物质"。广义上，生物质主要是指植物、微生物以及以植物、微生物为食物的动物及其产生的废弃物，如农作物、农作物废弃物、木材、木材废弃物和动物粪便等。狭义上，生物质主要是指农林业生产过程中除粮食、果实以外的秸秆、树木等木质纤维素类物质、农产品加工下脚料、农林废弃物及畜牧业生产过程中的禽畜粪便和废弃物等物质。从生物学角度出发，生物质可分为植物性和非植物性两类。从能源资源看，生物质可分为林业生物质资源、农业生物质资源、水生生物质资源、城乡工业与生活有机废弃物资源等。从生物质能开发利用的历史出发，生物质可分为传统生物质和现代生物质两类，传统生物质是指用于居民采暖、炊事等的薪柴、稻草、粪便及其他植物性废弃物，现代生物质主要指林业加工废弃物、食品工业的作物残渣、城市有机垃圾、经济作物等可进行规模化利用的生物质。

1.1.2　生物质的特点

1. *广泛分布性*

生物质资源不受地域的限制，分布广泛。地球上的生命活动为人类提供了数量巨大的生物质资源，这是生物质特性的直接反映。

2. 丰富性

生物质能是世界第四大能源，仅次于煤炭、石油和天然气。生物质资源的年产量远远超过全世界每年的能源需求总量，相当于世界总能耗的 10 倍。随着农林业的发展，我国可开发为能源的生物质资源将越来越多。

3. 可再生性

生物质能是通过植物的光合作用不断地把太阳能转化为化学能，并以有机物的形式储存而形成的一种储存量极其丰富的可再生能源，可被永续利用。

4. 洁净性

生物质的硫和氮含量低，硫含量一般低于 0.2%，燃烧过程中生成的硫、氮污染物较少；生物质燃烧产生的二氧化碳又可被植物所吸收，因此，对大气的二氧化碳净排放量近似于零，可有效减轻温室效应。

1.2 生物质的化学组成和燃料特性概述

生物质的化学组成和燃料特性概述

1.2.1 生物质的基本化学组成

生物质是由多种复杂大分子聚合物构成的复合体，其组成成分因生物质的种类、生长周期等的不同而差异较大。一般而言，木质纤维素类生物质的化学成分主要包括纤维素、半纤维素、木质素、抽提物和灰分。

1. 纤维素

纤维素是大部分生物质中含量最高的组分，是由 D-葡萄糖通过 β-1,4-糖苷键连接而成的线形高分子聚合物。纤维素分子具有大量的结晶区、非结晶区以及氢键，不溶于水及一般有机试剂，无还原性，在浓酸或稀酸加压条件下发生水解。不同种类生物质的纤维素含量具有较大差异，例如，棉花中纤维素含量接近 100%，木材中纤维素平均含量为 40%~50%。

2. 半纤维素

半纤维素是由两种或两种以上单糖构成的不均一聚糖，构成半纤维素的单糖主要有：己糖（D-葡萄糖、D-甘露糖、D-半乳糖）、戊糖（D-木糖、L-阿拉伯糖）、糖醛酸（4-O-甲基葡萄糖醛酸、D-半乳糖醛酸、D-葡萄糖醛酸）和少量的脱氧己糖（L-鼠李糖、L-岩藻糖）。天然的半纤维素为非晶态，相对分子量低，大多数为带支链的线状结构。半纤维素具有亲水性，可溶于碱溶液，遇酸比纤维素更易于水解。半纤维素广泛存在于植物中，含量为 15%~35%，其具体的化学成分和含量因植物种类、部位和年限的不同而有较大差异。

3. 木质素

木质素是自然界中丰富性仅次于纤维素的有机聚合物，主要是由三种苯丙烷单体（愈创木基、紫丁香基和对羟基苯基）通过醚键和碳碳键连接而成的具有网状结构的无定型高聚物。木质素广泛分布于木本及禾本科等高等植物中，是裸子植物和被子植物所特有的化学成分。在木本植物中，木质素含量为20%～35%，在草本植物中为15%～25%。与纤维素和半纤维素相比，木质素的结构组成十分复杂，虽然其详细结构尚不完全清楚，但它与纤维素、半纤维素一起形成植物骨架的主要成分，并起到增强植物体机械强度、疏导植物组织水分的作用。

4. 抽提物

抽提物也是生物质的重要组成之一，具体是指通过乙醇、苯、乙醚、丙酮、二氯甲烷等有机试剂或水，从生物质中抽提出来的物质的总称。抽提物是造成植物具有不同的颜色、气味、密度、抗腐蚀性和易燃性的主要原因。抽提物的种类繁多，不同类型的生物质抽提物差异很大。抽提物的含量及化学组成因植物种类、部位、产地、抽提方法不同而异，其含量高者超过30%，低者小于1%。

5. 灰分

生物质除了包含大量有机组分之外，也含有少量的无机组分，即灰分。灰分主要包括钾（K）、钙（Ca）、钠（Na）、镁（Mg）、铝（Al）、铁（Fe）、锌（Zn）、硅（Si）、氯（Cl）、磷（P）等元素，这些元素通常以有机或无机化合物的形式存在于植物当中，其含量受生物质种类的影响较大。

非木质纤维素类生物质的化学组成更为复杂，除了上述成分外，还可能含有淀粉、蛋白质等组分。淀粉与纤维素均是由D-葡萄糖单元构成的多糖，但不同于纤维素的β-糖苷键，淀粉是以α-糖苷键的方式连接，可分为直链淀粉和支链淀粉。此外，纤维素不溶于水，而淀粉则分为在热水中可溶和不溶两类。蛋白质是由氨基酸高度聚合而成的高分子化合物，因氨基酸的种类、比例和聚合度不同，蛋白质的性质也有显著差异。与纤维素、淀粉等碳水化合物相比，蛋白质在生物质中所占比例较低，粗蛋白含量约相当于氮元素的6.25倍。

在元素组成方面，生物质与煤等其他传统化石燃料类似，主要含有碳（C）、氢（H）、氧（O）、氮（N）、硫（S）等元素。C元素是生物质的主要可燃成分，着火点较高，故C元素含量越高的生物质相对越不容易着火。H元素是仅次于C元素的主要可燃成分，H元素含量高的燃料相对易着火。O元素是不可燃成分，在生物质中含量很高，呈化合态，一般通过差减法计算。N元素和S元素也都是可燃成分，在高温下易被氧化生成具有污染性的氮氧化物（如NO和NO_2）和硫氧化物（如SO_2和SO_3）。

1.2.2 生物质燃料特性概述

1. 物理特性

生物质燃料的物理特性对其收集、运输、存储以及转化利用均具有较大的影响。生物质燃料的基本物理参数有很多，如水分、密度、粒度、形状、孔隙结构、堆积角、内摩擦角、滑动角等，以下对其具有代表性的参数进行简要介绍。

（1）水分。水分是燃料中的不可燃部分，也是生物质原料中的一个易变因素。一般而言，新鲜的生物质中水分含量高达40%～60%，自然风干后可降低至15%以下。根据存在形式不同，生物质燃料中的水分可分为自由水和结合水。自由水可通过自然干燥的方式除去，其含量与运输及存储条件有关，在5%～60%的范围内变化；结合水比较固定，一般约占5%。

（2）密度。密度是指单位容积中生物质的质量，其对生物质利用装置的设计有直接影响。生物质燃料的密度可分为堆积密度、视密度和真密度。与煤相比，生物质具有密度小、体积大的特点，例如：褐煤的堆积密度为560～600kg/m³，而玉米秸秆的堆积密度为150～240kg/m³，硬木屑的堆积密度为320kg/m³左右。

（3）粒度。生物质的粒度是指生物质颗粒在空间范围所占据的线性尺寸。生物质燃料并非粒度均匀一致的单颗粒体系，而是由粒度不等的颗粒组成的多颗粒体系。不同的生物质转化利用方式，对生物质燃料的粒度及其分布的要求也不一样，通常，粒度较小的生物质颗粒具有较好的热扩散特性，其热转化效率也更高。

（4）形状。生物质颗粒形状是指颗粒轮廓或表面各点构成的图像。生物质颗粒形状千差万别，常用球状、柱状、枝状、不规则状等语言术语进行定性描述，也可采用颗粒形状系数等数学术语对其进行定量表征。生物质的形状与其颗粒粒度密切相关，两者均对生物质的转化效果与转化经济性有重要影响。在实际过程中，往往通过粉碎、筛分等工序来获得合适的形状、粒度及粒度分布。

（5）孔隙结构。生物质颗粒具有天然的孔隙结构，孔的形状、结构、分布等因植物种类、部位、年限的不同而具有较大差异。生物质颗粒的孔隙结构对其传热、传质、机械强度等特性影响很大，并会直接影响其最终的转化效率。孔隙结构可通过比表面积、孔隙体积和平均孔径等参数来量化表征。

2. 热性质

生物质作为固体颗粒燃料，还具有一些与煤等传统化石燃料类似的热特性，包括导热性、发热量、灰熔融性等，下面将分别对其进行简单介绍。

（1）导热性。生物质颗粒的导热性是指其传导热量的能力，常用比热容、导热系数等指标进行评价。生物质燃料导热性受其化学组成、密度、含水率、孔隙结构等的综合影响，并在很大程度上决定生物质燃料的热转化反应速率、转化效率、热转化设备设计和运行稳定性。

（2）发热量。发热量又称热值，是生物质燃烧特性的重要指标，其对于生物质燃料的工业利用具有重要指导意义。生物质的发热量可分为高位发热量和低位发热量。一般而言，生物质燃料的低位发热量比煤等传统化石燃料要低，为14～19MJ/kg，这主要是由于生物质氧含量较高所致。

（3）灰熔融性。生物质的灰分是由多种无机物组成的混合物。在高温下，灰分会变成熔融状态，灰分开始熔化的温度即为灰熔点。由于生物质灰分中碱金属（如K、Na）含量较高，因此相较于煤灰，生物质灰的灰熔点普遍偏低。灰分熔融后可在任意冷却表面或炉壁沉积，造成积灰或结渣，对生物质转化利用设备运行的经济性和安全性产生不利影响。

1.2.3 生物质燃料特性分析检测的必要性

通过分析检测可以获取生物质基本成分及理化特性，对遴选合适的生物质转化利用方式、提高利用效率、实现清洁转化利用等均具有十分重要的意义。

（1）与煤等传统化石能源相比，固体生物质燃料的密度小、挥发分高、含水率高、吸湿性强，并且成分极为复杂，如大部分固体生物质燃料的灰分小于10%，含碳量为40%~50%，挥发分为60%~80%，氯含量范围较宽，为0.01%~2%，碱金属含量一般远高于煤。上述差异决定了以煤为基础的分析检验方法并不能完全适用于固体生物质燃料。因此，在固体生物质燃料分析检验时，必须结合生物质原料的来源及固有属性，采取系统、有效、便捷、可靠的成分分析及特征检验方法，才能准确获得生物质燃料的基本成分及理化特性。

（2）固体生物质燃料储量巨大，转化途径和方法很多。转化利用方式的选择极大地依赖于生物质原料成分及基本特性的检验结果。从生物质原料的成分和特性分析，能够为生物质转化技术的选择提供合理指导和针对性建议，对于提高生物质能源利用效率、实现生物质资源最优化与规模化利用具有举足轻重的作用。

（3）相较于煤等化石能源，生物质燃料的热值较低、堆积密度小、分布分散，由此带来原料收集、存储、运输成本高等难题，限制了其规模化利用。借助生物质成型燃料技术，可大幅度提高生物质的能量密度，减小生物质体积，使其便于运输和存储。生物质原料的密度、粒度、含水率、木质素含量等因素均会影响成型工艺能耗及成型燃料品质。此外，成型燃料的机械耐久性也会直接影响其转化利用。因此，对生物质原料进行分析测试，获得其基本物理化学特性，可指导生物质成型燃料工艺的开发，为降低固体生物质燃料运输存储成本、提高利用能效、满足工业及民用多种需求提供重要保障。

（4）生物质能的主要转化利用技术包括直接燃烧技术、热化学转化技术（包括气化、液化、炭化技术）、化学转化技术、生物乙醇技术、沼气技术、生物柴油技术等。以生物质直接燃烧技术为例，由于生物质种类、生长条件和生产环境的不同，生物质燃料固定碳含量差别很大。一般而言，木质燃料固定碳含量较高，热值较高，而秸秆类燃料含碳量则相对较低，热值也相对较低。生物质含碳量、热值不同，其燃烧设备结构、换热面布置等也会有差异。此外，与煤炭相比，生物质燃料中碱金属含量较高，在燃烧过程中，碱金属极易引起受热面积灰、结渣、腐蚀，严重影响设备运行的稳定性。掌握固体生物质燃料的组成特性（灰分、元素组成、有机组分等），并结合定量分析数据制定有效的运行调控手段，对于确保设备安全稳定运行、降低生物质转化利用的运行与维护成本、推动生物质能源的规模化利用具有至关重要的作用。

1.3　主　要　术　语

为帮助深入了解和掌握固体生物质燃料特性分析测试各项实验的内容，作为后续章节的知识铺垫，本节将全面介绍生物质燃料特性分析检测过程中的常用基本术语及其概念。

（1）固体生物质燃料（solid biofuel）：由生物质直接或间接生产的固体燃料。

(2) 粒度 (granularity): 固体生物质燃料尺寸大小及组成,包括颗粒(或料块)粒度、粒度分布。

(3) 颗粒(或料块)粒度 (particle size): 固体生物质燃料颗粒(或料块)的尺寸大小。

(4) 粒度分布 (distribution of particle size): 用粒子群的重量百分率计算的粒径频率分布曲线或累积分布曲线。

(5) 密度 (density): 固体生物质燃料质量与体积的比值。

(6) 真密度 (true density): 固体生物质燃料质量与其真体积的比值,不包括固体生物质燃料内部孔隙或颗粒间的空隙。

(7) 视密度 (apparent density): 单位体积内(含燃料实体及闭口孔隙体积)的固体生物质燃料质量。

(8) 堆积密度 (bulk density): 又称容积密度,在规定条件下将固体生物质燃料填充在容器内,其质量与容器体积的比值。

(9) 机械强度 (mechanical durability, mechanical strength): 又称机械耐久性,指压缩致密的固体生物质燃料单元(如块、丸等)在装载、卸载、入料和运输过程中保持完整性的能力。

(10) 堆积角 (angle of repose): 生物质颗粒从一定高度自然连续下落到平面上时,所堆积成的圆锥体母线与底平面的夹角。

(11) 逆止角 (angle of backstop): 固体生物质燃料通过料仓卸料口连续卸料后形成的最大坡角。

(12) 比表面积 (specific surface area): 单位质量的固体生物质颗粒所具有的表面积。

(13) 总孔容 (total pore volume): 固体生物质燃料试样中孔隙所占的体积;它是微型孔、中型孔和大型孔的容积之和。

(14) 孔径 (pore size): 固体生物质燃料中孔的直径。

(15) 吸附 (adsorption): 吸附气体在固体生物质燃料试样外表面和可到达的内表面的富集。

(16) 物理吸附 (physisorption): 压力和温度微小变动即可引发过程逆转的吸附。

(17) 平衡吸附 (equilibrium adsorption): 单位时间内离开吸附剂表面的分子数等于被吸附的分子数,吸附态的分子总数始终保持不变。

(18) 平衡吸附压力 (equilibrium adsorption pressure): 在气体吸附法测定固体比表面积过程中,吸附物质与吸附质的平衡压力。

(19) 饱和蒸气压力 (saturation vapour pressure): 在气体吸附法测定固体比表面积过程中,吸附温度下吸附质大量液化时的蒸气压力。

(20) 相对压力 (relative pressure): 平衡吸附压力与饱和蒸气压力的比值。

(21) 吸附量 (adsorption value): 单位体积或质量的吸附剂吸附吸附质的量。

(22) 平衡吸附量 (adsorption value): 平衡吸附时一定平衡条件下的吸附

1.3 主要术语

容量。

(23) 吸附等温线（adsorption isotherm）：在恒定温度下，达到平衡吸附时平衡压力或相对压力与对应的吸附量的关系曲线。

(24) 收到基（as received basis, wet basis）：又称湿基，指以收到状态、含有全水分的固体生物质燃料为基准。

(25) 空气干燥基（air dry basis）：以与空气湿度达到平衡状态的固体生物质燃料为基准。

(26) 干燥基（dry basis）：以假想无水状态的固体生物质燃料为基准。

(27) 干燥无灰基（dry ash free basis）：以假想无水无灰状态的固体生物质燃料为基准。

(28) 空气干燥基水分（moisture in the air dry basis）：将固体生物质燃料置于空气中干燥，当试样表面水蒸气压和空气中水蒸气达到平衡时测定的水分。

(29) 工业分析（proximate analysis）：水分、灰分、挥发分和固定碳四个固体生物质燃料分析项目的总称。

(30) 全水分（total moisture）：固体生物质燃料外在水分和内在水分的总和。

(31) 灰分（ash）：固体生物质燃料在规定条件下燃烧后所得的残留物。

(32) 挥发分（volatile matter）：固体生物质燃料在规定条件下隔绝空气加热，并进行了水分校正后的质量损失。

(33) 固定碳（fixed carbon）：从测定挥发分后的固体生物质燃料残渣中减去灰分后的残留物。通常用100减去水分、灰分和挥发分得出。

(34) 元素分析（ultimate analysis, elementary analysis）：碳、氢、氮、硫和氧5个固体生物质燃料分析项目的总称。

(35) 全硫（total sulfur）：固体生物质燃料中有机硫和无机硫的总和。

(36) 灰熔融性（ash fusibility, ash melting behavior）：固体生物质燃料灰在规定条件下随加热温度变化而产生的变形、软化、半球和流动特征的物理状态，需在氧化性或还原性气氛下测定。

(37) 灰的变形温度（ash deformation temperature）：在灰熔融性测定中，灰锥尖端或棱开始变圆或弯曲时的温度。

(38) 灰的软化温度（ash softening temperature）：在灰熔融性测定中，灰锥弯曲至锥尖触及托板或灰锥变成球形时的温度。

(39) 灰的半球温度（ash hemisphere temperature）：在灰熔融性测定中，灰锥形状变成近似半球形，即高约等于底长一半时的温度。

(40) 灰的流动温度（ash flow temperature）：在灰熔融性测定中，灰锥融化展开成高度小于1.5mm薄层时的温度。

(41) 着火温度（ignition temperature）：在一定条件下，固体生物质燃料受热分解，释放出足够的挥发分与周围气体形成的可燃混合物的最低燃烧温度。

(42) 热值（heating value）：又称发热量（calorific value），单位质量的固体生物质燃料完全燃烧时释放的热量。

(43) 弹筒发热量（bomb calorific value）：单位质量的固体生物质燃料在充有过量氧气的氧弹内燃烧，其燃烧后的物质组成为氧气、氮气、二氧化碳、硝酸、硫酸、液态水以及固态灰时放出的热量。

(44) 恒容高位发热量（gross calorific value at constant volume）：单位质量的固体生物质燃料在恒容条件下，在过量氧气中燃烧，其燃烧后的物质组成为氧气、氮气、二氧化碳、二氧化硫、液态水和固态灰时放出的热量。恒容高位发热量即由弹筒发热量减去硝酸形成热和硫酸校正热后得到的发热量。

(45) 恒容低位发热量（net calorific value at constant volume）：由恒容高位发热量减去水（固体生物质燃料中原有的水和其中的氢燃烧生成的水）的汽化热后得到的发热量。

(46) 结渣率（clinker ratio）：生物质固体成型燃料试样在规定的鼓风强度下进行燃烧后，灰渣中粒度大于6mm的渣块占总灰渣的质量百分数。

(47) 热解（pyrolysis）：固体生物质燃料在隔绝空气或少量空气存在条件下加热分解，生成液态、固态和气态产物的过程。

(48) 燃烧（combustion）：固体生物质燃料的燃烧是强烈的热化学反应过程，燃烧过程可以分为预热、水分蒸发、挥发分的析出及燃烧、焦炭燃烧等几个阶段。

(49) 组分分析（component analysis）：固体生物质燃料中纤维素、半纤维素和木质素含量的测定。

(50) 透射率（transmittance）：红外光透过样品的光强 I 与入射光强 I_0 的比值。

(51) 吸光度（absorbance）：光线通过溶液或某一物质前的入射光强度 I_0 与该光线通过溶液或物质后的透射光强度 I 比值的以 10 为底的对数，即透射率倒数的对数。

(52) 波长（wavelength）：沿着波的传播方向，相邻两个振动位相相差 2π 的点之间的距离。

(53) 波数（wavenumber）：光谱学中的频率单位。等于真实频率除以光速，即波长（λ）的倒数，或在光的传播方向上每单位长度内的光波数。

(54) 朗伯-比尔定律（Lambert – Beer law）：当一束平行单色光垂直通过某一均匀非散射的吸光物质时，其吸光度 A 与吸光物质浓度 c 及吸收层厚度 b 成正比，而与透光度 T 成反比。

(55) 伸缩振动（stretching vibration）：原子沿键轴方向做规律运动，这种振动使原子的距离增加或减小，振动时只有键长的变化而无键角的变化。

(56) 弯曲振动（bending vibration）：又称变形振动，基团键角发生周期变化而键长不变的振动。

(57) 活化能（activation energy）：破坏原子间化学键需要的最小能量，其大小反映了化学反应发生的难易程度，与温度无关。

(58) 热稳定性（thermal stability）：物体在温度影响下的形变能力。

(59) 分子离子峰（molecular ion peak）：分子电离一个电子形成的离子所产生

的峰,一般来说,最大质量数的峰就是分子离子峰,一般位于质谱图质荷比最高位置的一端。

(60) 色谱柱 (chromatography column):内壁覆有固定相,用以分离样品组分的柱管。

(61) 基线 (base line):在气相色谱仪、热重分析仪等设备操作条件稳定后,没有试样通过检测器时,记录到的响应信号曲线。

(62) 色谱峰 (chromatographic peak):在采用气相色谱分析过程中,当有组分进入检测器时,色谱柱流出曲线就会偏离基线,这时检测器输出信号随检测器中的组分浓度而改变,直至组分全部离开检测器,此时绘出的曲线称为色谱峰。

思 考 题

1. 生物质能源具有哪些特点?其开发利用的意义是什么?
2. 木质纤维素类生物质的化学成分主要有哪些?各自有什么结构特点和赋存形态?
3. 简述为什么要对生物质的燃料特性进行分析检测。

参 考 文 献

[1] 肖睿,张会岩,沈德魁.生物质选择性热解制备液体燃料与化学品 [M].北京:科学出版社,2015.
[2] Marty Poliakoff, Peter Licence. Sustainable technology: Green chemistry [J]. Nature, 2007, 450 (7171): 810-812.
[3] 尹芳,张无敌,许玲.生物质资源综合利用 [M].北京:化学工业出版社,2017.
[4] 陈汉平,杨世关.生物质能转化原理与技术 [M].北京:中国水利水电出版社,2018.
[5] 任学勇,张扬,贺亮.生物质材料与能源加工技术 [M].北京:中国水利水电出版社,2016.
[6] 张瑞芹.生物质衍生的燃料和化学物质 [M].郑州:郑州大学出版社,2004.
[7] 郭崇涛.煤化学 [M].北京:化学工业出版社,1992.
[8] 朱锡锋.生物油制备技术与应用 [M].北京:化学工业出版社,2013.
[9] 朱锡锋.生物质热解原理与技术 [M].安徽:中国科学技术大学出版社,2006.

第2章 固体生物质燃料采样及试样制备

2.1 固体生物质燃料采样

固体生物质燃料采样

采样是进行固体生物质燃料特性分析测定的基础，采样质量直接影响对样品燃料特征、理化性质和工业用途的正确评价。因此，采集的样品必须具有足够的代表性，能够如实反映固体生物质燃料的自然特征。为了使采集的样品具有代表性，一方面需要取得足够数量的子样，另一方面还要科学地确定采样点和采样方法，针对不同类型的对象需要使用不同的采样方法。

2.1.1 采样总则

采样的基本原则是使待测固体生物质燃料中所有颗粒均有可能进入采样设备，并确保每一个颗粒被采集到试样中的概率相等，从而获得一个测试结果能够代表整批待测样品的实验样品。采样的基本过程是：首先从分布于整批固体生物质燃料的采样点收集相当份数的子样，然后将收集到的子样合并或缩分后再合并成总样，最后总样经过一系列制样程序制成所要求数目和类型的分析试样。

1. 相关术语

（1）样品：为确定燃料特性而采取的一定量具有代表性的固体生物质燃料。

（2）采样：从待测固体生物质燃料中采取具有代表性样品的过程。

（3）批：需要进行性质测定的一个独立单元固体生物质燃料量。

（4）分批：批中采取的一个总样的固体生物质燃料量，批中可含一个或多个分批。

（5）分样：样品的一部分。

（6）子样：采样设备在一次操作中提取的部分固体生物质燃料。

（7）合并样品：从一个分批中取出的全部子样合并而形成的样品。

（8）实验室样品：进入实验室进行检测的样品，可以是合并样品或合并样品的分样，或一个子样，子样的分样。

（9）标称最大粒度：使用筛网筛分固体生物质燃料颗粒，接近但不小于95%的燃料可以通过筛网孔径的尺寸。

（10）分析试样：实验室样品的分样，用于测定固体生物质燃料的多数物理化学性质。

(11) 全水分样：用于测定固体生物质燃料水分的样品。

2. 采样的最小质量

固体生物质燃料样品缩分各阶段的最小试样量需求见表2-1-1，采样时参照使用。标称最大粒度可通过筛分试验确定。表2-1-2给出了部分固体生物质燃料样品容积密度的大致范围。当样品湿度较大或具有其他特殊状况时，需要实际测定容积密度，具体测试方法可以参考 GB/T 28730—2012《固体生物质燃料样品制备方法》（附录C）。

表2-1-1　　　　　缩分各阶段应保留的最小试样量　　　　　单位：g

标称最大粒度 /mm	初始容积密度/(kg/m³)		
	<200	200～500	>500
≥100	10000	15000	15000
50	1000	2000	3000
30	300	500	1000
10	150	250	500
6	50	100	200
≤1	20	50	100

表2-1-2　　　　　典型固体生物质燃料样品容积密度参考值

样品种类	容积密度/(kg/m³)	样品种类	容积密度/(kg/m³)
棉花秆	70～120	树枝	92～125
麦秆	20～28	树根	200～220
麦秆糠	110～120	树皮	135～175
麦糠	155～170	麦草、稻草	60～65
麦壳、稻壳、花生壳	95～115	互花米草	100～110
玉米秆	43～60	木屑、木片	160～175

生物质固体成型燃料采样时，除满足最小质量要求外，子样的最小体积和最小数量还需满足表2-1-3中的要求。

表2-1-3　　　　　　子样最小体积和最小数量

标称最大粒度 d/mm		≤10	>10
子样最小体积/L		0.5	0.5d/10
子样最小数量 （精确到个）	静止燃料	5+0.025M_{gt}	10+0.040M_{gt}
	移动燃料	3+0.025M_{gt}	5+0.040M_{gt}

注：M_{gt}——批的质量，t。

2.1.2　采样工具及设备

固体生物质燃料采样时需根据实际场合、燃料性质等选取合适的采样工具和设备。在生长地、存储地等场合的固体生物质燃料，其外形尺寸差异较大，一般使用人工采样工具；而加工中或已成型的燃料因外形一般比较规整，则可以使用机械自动采样设备。

1. 人工采样工具

(1) 采样铲。采样铲也称做铲勺，两侧向上收起，如图2-1-1所示。采样铲的选择标准为：边缘高度和宽度均不小于被采样品标称最大粒度的2.5倍，铲面的长度不小于标称最大粒度的5倍，铲柄的长度须满足在物料堆各个部位的采样需求。

(2) 接斗。接斗用于在燃料流下落处采样或在传送带上刮动采样，如图2-1-2所示。接斗的选择标准为：顶部正方形或矩形的开口宽度至少为被采样品标称最大粒度的2.5倍，长度大于燃料流宽度，接斗容积要能容纳输送机最大流量时通过的燃料量。

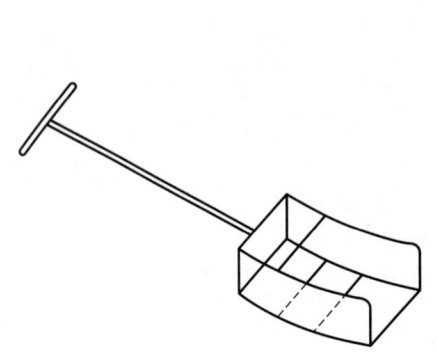
图2-1-1 采样铲（铲勺）示意图

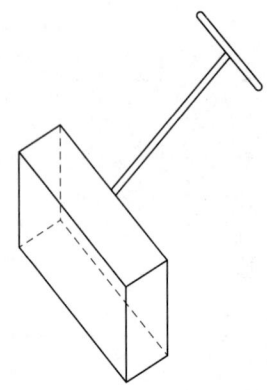
图2-1-2 接斗示意图

(3) 平底铲。平底铲如图2-1-3所示，铲的两侧向上收起。平底铲的选择标准为：边缘高度和宽度均不小于被采样品标称最大粒度的2.5倍，铲面长度不小于标称最大粒度的5倍，铲柄长度须满足在物料堆各个部位的采样需求。

(4) 取样耙。取样耙如图2-1-4所示。取样耙的选择标准为：耙子齿距以确保小颗粒燃料不会在采样时漏出为准，前宽度不小于被采样品标称最大粒度的2.5倍，耙面长度不小于标称最大粒度的5倍，耙子形状要确保取得的样品在移动中不会掉落，耙柄长度须满足在物料堆各个部位的采样需求。

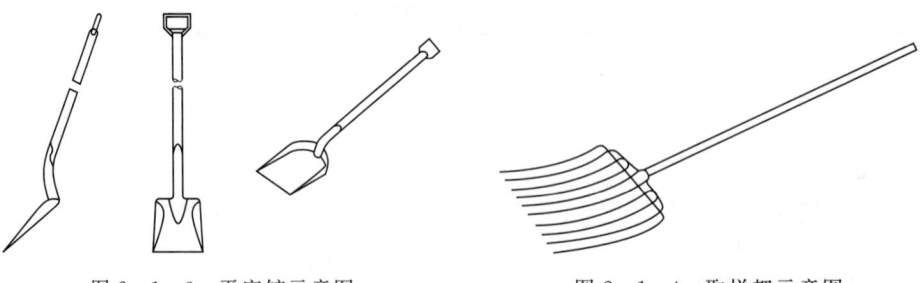

图2-1-3 平底铲示意图　　　　图2-1-4 取样耙示意图

(5) 取样钩。取样钩适用于秸秆等高长径比的生物质材料采样，如图2-1-5所示。

(6) 取样管。取样管适用于标称最大粒度小于 25mm 的颗粒状燃料采样，如图 2-1-6 所示。取样管的选择标准为：燃料进入管中后可在管腔内自由流动，取样管能取到批或分批中任何位置的燃料；取样管孔长要大于被取样品的标称最大粒度，管孔宽大于样品标称最大粒度的 3 倍。

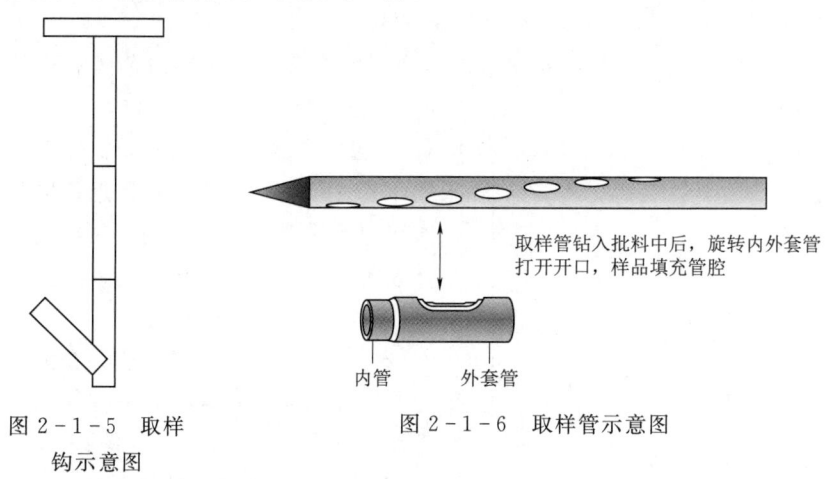

图 2-1-5 取样钩示意图　　图 2-1-6 取样管示意图

2. 机械自动取样设备

机械自动取样设备又称为采样机，是为了实现从一批物料中获得一个能代表整批物料的试样所采用的一类装置，主要由采样、样品输送、破碎、缩分、弃料等设备及相关电控系统组成。一般根据现场条件具体设计、成套使用，采样时间、子样数目、子样重量等可以根据实际情况设定。

机械自动取样设备一般用于散装物料输送和转运过程中的取样，不同行业、不同场所采用的结构形式不同，大体可分为车厢（汽车、火车）采样机、管道采样机、皮带采样机等，常用于固体生物质燃料取样的主要是皮带采样机。一般安装在传送带的中部或头部，如传输带截面采样机、斗式落流采样机、螺杆落流采样机等。

（1）传输带截面采样机。传输带截面采样机安装于传输带中部，按照设定的时间以全断面刮扫的方式从皮带上采取子样，并经溜槽送入初级送料皮带机除杂，随后进入破碎机破碎，最后再通过次级皮带及缩分器分成留样和弃料，留样被自动收集在储料罐中，弃料被斗式提升机返回到皮带。

（2）斗式落流采样机。斗式落流采样机安装于传输带头部，通过密闭式给料系统将子样依次送入破碎机和缩分器，经过破碎、缩分的料样进入集样器，多余的料样由余料处理系统直接排到料场。

（3）螺杆落流采样机。螺杆落流采样机安装于传输带头部，落料经电动螺杆机械破碎后输送进入集样器，多余的料样直接排到料场。

2.1.3 采样方法

1. 不同场所的采样

"批"作为固体生物质燃料的采样单元，在不同的采样场合有不同的定义。物料处于动态时，批是一定时间间隔内通过采样点的所有物料，如：在连续生产的情况下采样，是指定时间间隔内通过传输带中部、端部等采样点的所有燃料；在卸下燃料时，定期采样的数量为输送机斗数（或挖掘机铲数、刮板输送机车厢数等）；对料仓、料堆采样时，批是料仓、料堆中的全部燃料；对已包装的生物质固体成型燃料采样时，批是指在一次运送中的所有燃料。

（1）从运输车辆上采样。用机动车装燃料时，采样沿车厢对角线方向进行，按三点循环方式采取子样，首尾两点距车角0.5m，另一点为中心点，采样时应下挖0.4m；当每车采样点超过5个时，中心点的采样不允许重叠，但要尽量靠近；同种燃料同批次（当天进入中心料场的同一种燃料）最小采样数不得少于5个，每车的采样数不得少于1个，车辆采样点分布如图2-1-7所示。

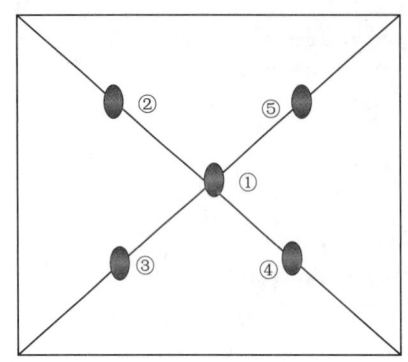

图2-1-7 车辆采样点分布示意图

（2）从传送带上采样。燃料在静止的传送带上时常使用采样铲采样，采样铲内的所有燃料都作为子样。如果采样铲的边框上落有燃料，则仅将一条边框上的燃料包含在子样中，舍弃另一条边框上的燃料。从运动的传送带上采样时，在卸下每一批燃料期间子样定期取出，常使用机械自动取样设备，如传输带截面采样机等。

（3）从下降的燃料流中采样。可使用手工或机械采样方法，比如接斗或斗式落流采样机等适合通过下落燃料流的工具设备。当接斗通过下落流时，速度不能超过1.5m/s，且必须均匀，保证采样间隔时间内的出料量是子样质量的10倍；在卸下每一批燃料期间子样定期取出。

（4）从斗式输送机、刮板输送机、斗式装载机或挖掘机中采样。在卸下每一批燃料期间，定期采样的数量为输送机斗数（或挖掘机铲数、刮板输送机车厢数等），选定输送机的一斗（或挖掘机的一铲、刮板输送机的一车厢），使用采样铲采取子样；如果可以直接获得燃料，应每次从不同点采取子样；如果不能直接获得燃料，应将其倒在干净、坚硬的地面上，在倒出的燃料堆中挖取子样。每次从燃料堆中的不同点采取子样，但不能从燃料堆的底部采取，挖取高度不能低于300mm。

（5）从料堆中采样。可以使用采样铲或采样管，为确定子样的取出高度，采样人目测将料堆沿垂直方向分成3层，根据每层的体积比例从中取出一定数量的子样。子样的采样位置在料堆周围等距选取，采样点间距不小于300mm。料堆的采样点分布如图2-1-8所示。

（6）从料仓中采样。使用采样管采取，将采样管沿燃料表面呈30°~75°角完全插入燃料中，打开采样孔，震动采样管填装燃料，将采样管中移出的所有燃料作为子样。

（7）从已包装的生物质固体成型燃料中

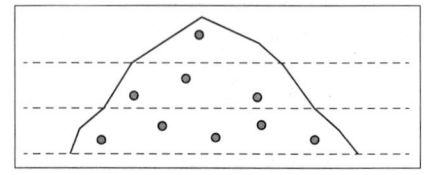

图2-1-8 料堆采样点分布示意图

采样。从一批包装袋中随机抽取子样，可以在包装袋上选定采样点随机抽取，或对包装袋进行编号后使用随机号抽取。

2. 合并样品和实验室样品制备

采样完成后，用下列方法之一制备合并样品和实验室样品：

（1）将所有子样全部放置在一个密封的容器中形成合并样品，再送到实验室成为实验室样品。

（2）将子样分别放置在不同的密封容器中，再送到实验室。在实验室将子样组合成为实验室样品。

（3）将每个子样分成两个或两个以上的分样，且分离程度相同。通过从每个子样中抽取一个分样，形成一个或多个合并样品。每个合并样品分别被放入不同容器中，最后送到实验室成为实验室样品。

3. 样品标记、包装和运送

（1）所有情况下，样品应该放置在密封的容器内（如带盖的塑料桶、封口的塑料袋等），以防止水分损失及掺入杂质。如果使用透明包装，要避免阳光直射样品。

（2）容器上应附有标签，标签内容至少包括：样品的唯一标识编号、采样者的姓名、采样的日期和具体时间、批或分样的识别码等。

（3）应该在24h内对样品进行分析测定，或将样品在5℃冷藏保存并尽快分析测定，保存时间不能超过1周。

2.2　固体生物质燃料试样制备

为确保固体生物质燃料分析测定结果的准确性和可靠性，必须对所采取的样品按照一定的方法进行处理，制备成在化学性质和物理性质上与原样一致的、可供分析测试使用的试样，即分析试样，这一过程称为制样。否则，即使采集的生物质原样具有代表性，分析测定过程也足够准确，但最后得到的分析结果也是不可靠的，可见，试样的制备是固体生物质燃料分析测定的重要环节。

固体生物质燃料试样制备

2.2.1　制样总则

制样的目的是将采样阶段获得的试验样品制备成能代表原样特性的分析试样。在制样的每一阶段原样品的组成和品质特性都不应被改变。因此，制样各环节需严格按照规定操作，避免样品损失。

1. 制样的相关术语

（1）样品制备。采用破碎、缩分、筛分、混合、干燥等环节使样品达到分析或试验状态的过程。

1）样品破碎：制样中减小样品或分样粒度的过程，以增加试样颗粒数，提高不均匀物质分散程度，降低缩分误差。

2）样品缩分：按照规定方法，将混合均匀的样品分割成性质相同的几份，留下一份作为进一步制备所用的样品或作为实验室试样，舍弃其余部分的过程。目的在于从大量样品中取出一部分，而不改变物料平均组成。

3）样品筛分：用选定孔径的筛子从样品中分选出不同粒级样品的过程。分离出不符合要求的大粒度样品并进一步破碎到规定粒度，增加不均匀物质的分散程度以达到降低缩分误差的目的。

4）样品混合：将样品各部分互相掺和的操作过程。目的是用人为的方法促使不均匀样品尽可能均匀化，以减小误差。

5）样品干燥：除去样品中水分的操作过程。目的是使样品顺利通过破碎机、筛子、缩分器或二分器。

（2）制样精密度。对同一固体生物质燃料进行多次制样，且各次制得试样品质参数之间的一致性程度。要求多次制样使用同一制样设备和相同的制样程序。

（3）制样偏倚。参比样（制备前试样）和制样过程中留样品质之间的系统误差，即留样和参比样的显著性差异。

2. 制样精密度及偏倚

制样误差几乎完全产生于样品缩分过程中，通常以制样精密度体现随机误差的影响，以制样偏倚体现系统误差的影响。样品缩分前的均匀性、缩分方法以及缩分后的留样量是影响制样精密度和偏倚的最主要因素。测定、核验制样精密度需要在制样第一阶段（原始样或小于 30mm 的样品）缩分出双份试样（试样 1 和试样 2）；如果同时进行制样偏倚试验，则需要从该阶段起收集弃样，具体方法可以参考 GB/T 28730—2012《固体生物质燃料样品制备方法》（附录 A、附录 B）。

2.2.2 制样室、制样工具及设备

1. 制样室

试样制备应该在面积不小于 $20\sim25m^2$ 的专用制样室内进行，以确保制备样品的质量，缩短制备时间，减少粉尘污染，保护人体健康。制样室要备有通风、卫生设施，地面为光滑水泥地，在缩分、堆掺样品的地方铺设厚度为 5mm 左右的钢板。

2. 破碎设备

物料破碎是制样过程的必要工序，适合于固体生物质燃料的破碎设备主要包括斧子、手锯、破碎机等。为将样品因发热和空气流动而造成的水分损失降至最低，避免粉尘损失和金属污染，破碎机应尽可能低速运转，其切割表面应不含有待测元素，并容易清扫。由于链锯上的链油会污染样品，机械锯产生的摩擦热容易导致样品水分损失，因此链锯、机械锯不能用于破碎。

（1）斧子和手锯。斧子和手锯用于把大尺寸的木料或粗物料切割成最大 30mm 厚或合适的尺寸，方便使用粗切割破碎机对其进行处理。

（2）粗切割破碎机。粗切割破碎机用于将固体生物质燃料破碎至约 30mm 粒度并疏松样品。

（3）中切割破碎机。中切割破碎机用于将约 30mm 粒度的固体生物质燃料破碎至粒度小于 6mm。

(4)细切割破碎机或粉碎机。细切割破碎机或粉碎机用于把6mm及以下粒度的固体生物质燃料破碎至1mm及以下粒度。

3. 缩分设备

缩分设备是缩制固体生物质燃料不可缺少的工具，常用的有二分器和旋转缩分器。

(1)二分器。二分器主要部件为相对交叉排列的两组格槽和接收器，如图2-2-1所示。二分器两侧的格槽数量相等，每侧至少8个，格槽的宽度为被处理样品最大粒度的3倍，其斜面坡度不低于60°。

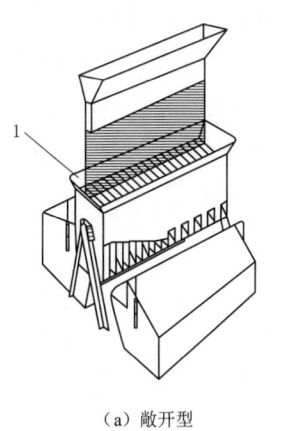
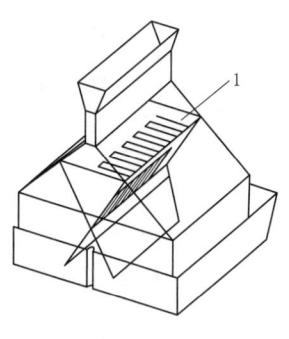

(a) 敞开型　　　　　　(b) 封闭型

图2-2-1　二分器示意图
1—格槽

(2)旋转缩分器。旋转缩分器主要由供料口、放料门、下料溜槽、接料器、电机、转盘等组成，如图2-2-2所示。旋转缩分器能将物料准确均匀地平分为二，适用于各种固体颗粒物或粉末的分样。

4. 铲勺和平底铲

铲勺（图2-1-1）和平底铲（图2-1-3）有足够高度的侧边以防止样品滚落，开口宽度至少为被处理样品标称最大粒度的3倍。

5. 筛子

用于制样过程中的物料筛分，常用筛子孔径为30mm、6mm、1mm、0.5mm和0.2mm，需要时可配备孔径为100mm、50mm和10mm的筛子。

6. 严密容器

用于存储试样。

7. 鼓风干燥箱

温度可控数值包括40～45℃和（105±2）℃，带鼓风功能。

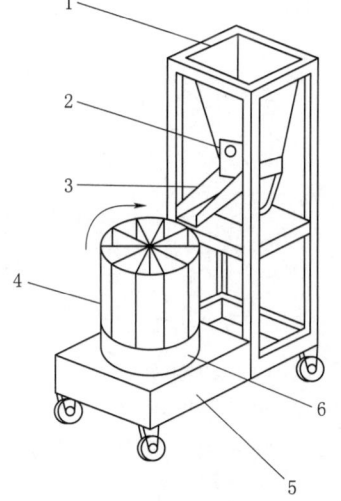

图2-2-2　旋转缩分器示意图
1—供料口；2—放料门；3—下料溜槽；
4—接料器；5—电机；6—转盘

2.2.3 一般分析试样的制备方法

1. 缩分方法

每次缩分前，均需将样品充分混匀，缩分后所得样品的重量不仅要大于当时颗粒直径情况下所要求的样品最小可靠重量（表 2-1-1），同时要保证缩分后的样品量能满足实际实验的需要。

（1）堆锥四分法缩分。堆锥四分法缩分适用于能用平底铲操作处理的物料，包括锯屑和木片等，如图 2-2-3 所示。堆锥四分法缩分物料需在清洁且坚硬的表面上进行，用平底铲把样品堆成一个锥堆。每铲样品要从锥堆的锥尖上放下，样品沿锥面自然滚落，使样品颗粒尽可能达到平均分布的目的。相同操作重复 3 次，把第 3 次形成的锥堆加工成一个扁平堆，再等分为 4 个扇形体，取其中相对的两个扇形体丢弃或混合作为保留样，另两个扇形体留下继续下一步制样。重复堆锥和四分过程，直到得到所需量的分样。

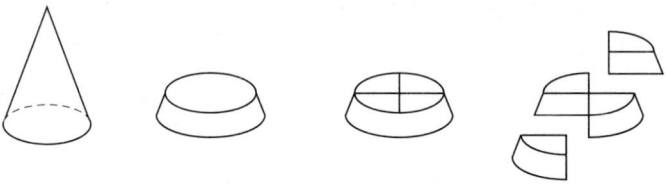

图 2-2-3 堆锥四分法

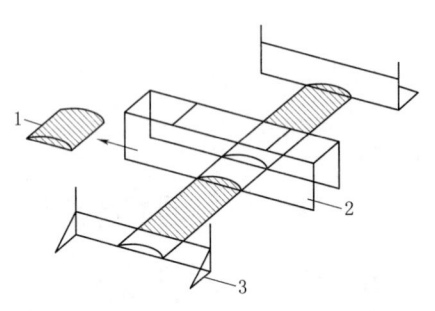

图 2-2-4 条带混合法
1—子样；2—取样框；3—边板

（2）条带混合法缩分。条带混合法缩分适用于所有物料，能方便地将样品缩分成很少量的实验室样品，如图 2-2-4 所示。在清洁且坚硬的表面上用平底铲把全部样品混匀，并将样品尽可能均匀地散布在长宽比不小于 10∶1 的条带上。用两侧平板间距离不小于标称最大粒度 3 倍的取样框，沿条带长度方向每隔一定距离截取一段样品作为子样，每一样品至少取 20 个子样，所有子样合并形成一个实验室样品。

（3）棋盘法缩分。棋盘法缩分适用于锯屑等能用铲勺处理的小颗粒固体生物质燃料样品，如图 2-2-5 所示。在清洁且坚硬的表面上用铲勺把全部样品混匀，并散布堆制成厚度不超过物料标称最大粒度 3 倍的长方形堆。在长方形堆表面用铲勺均匀画线分割出至少 20 个方格，用铲勺和挡板从每格中采取子样，合并所有子样得到所需量的实验室样品。

（4）二分器法缩分。二分器法缩分适用于不易发生桥接现象的固体生物质燃料，不适用于禾草、树皮或湿度大及含细长颗粒的固体生物质燃料，脆性固体生物质燃料在通过二分器时要防止细粉物料的产生。供料要均匀并控制供料速度，使样

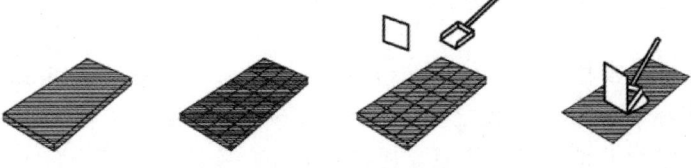

图 2-2-5 棋盘法

品呈柱状沿二分器长度来回摆动供入格槽，防止样品在二分器的一端集中以及物料桥接阻塞格槽。当样品需要经过多次缩分时，每次通过二分器后，应交替地从二分器两侧的接收器中收取留样。

（5）旋转缩分器法缩分。旋转缩分器法缩分适用于机械化缩分不发生桥接现象的物料，使用旋转缩分器进行缩分。

2. 制样程序

制样过程中，适当选用上述缩分方法缩取样品。大尺寸的固体生物质燃料（大木材、粗物料等）需先用手锯、斧子切割破碎至约 30mm 厚或合适尺寸，以便能用粗切割破碎机进一步处理，称为初始样品缩分。

（1）预干燥。预干燥是为了使后续制样过程顺利以及减小生物活性，常伴随于制样程序，但并非制样过程的必需环节。所有样品应摊平在称量盘中，为便于干燥，其厚度应尽可能小。可以采用以下任一方式进行预干燥，使它们达到与实验室温度和湿度的近似平衡状态：

1）在室温下放置至少 24~48h。
2）在 40℃的鼓风干燥箱中干燥至少 16~24h。
3）在 105℃的鼓风干燥箱中干燥至少 3~6h。

按照 GB/T 28733—2012《固体生物质燃料全水分测定方法》中的规定，用预干燥的试样测定全水分时，需要对全水分测定结果进行水分损失补正，记录预干燥期间的水分损失。在预干燥前后称量样品质量，用式（2-2-1）计算预干燥过程中的水分损失，即

$$M_p = \frac{m_{s,1} - m_{s,2}}{m_{s,1}} \times 100 \qquad (2-2-1)$$

式中　M_p——预干燥阶段的水分损失质量分数，%；
　　　$m_{s,1}$——样品预干燥前质量，g；
　　　$m_{s,2}$——样品预干燥后质量，g。

（2）制备样品到粒度小于 30mm。粒度大于 30mm 的样品使用粗切割破碎机进行破碎，使之全部通过 30mm 筛，混合所有样品。先缩取 1000~1500g 作为全水分样，封存在密闭容器中；再根据表 2-1-1 缩取至少 300g、500g 或 1000g 作为其他项目试样，按程序预干燥后进行下一步制样程序。

（3）制备样品到粒度小于 6mm。对于粒度大于 6mm 的样品，使用中切割破碎机进行破碎，使之全部通过 6mm 筛，混合所有样品。将缩取的试样摊平到称量盘中，在实验室环境下或在 40℃干燥箱中放置一定时间进行干燥，干燥时间根据样品

的干燥程度和环境湿度确定,通常在 40℃下干燥 4h 可保证下一步制样粒度达到要求。

(4) 制备样品到粒度小于 0.5mm 或小于 1mm。将粒度小于 6mm 的样品用细碎设备破碎至小于 0.5mm,使之全部通过 0.5mm 筛,混匀所有样品。放置一定时间,使之达到空气干燥状态后装瓶。遇特殊样品,不能破碎至全部通过 0.5mm 筛时,应全部通过 1mm 筛。

细碎过程中,采用少量多次的原则,每次入料的样品质量一般控制在 50g 以下,防止时间过长产生过多的热量。如果物料含有种子或谷粒,它们可能会在破碎机中旋转或黏在筛子上;同样,物料含有禾草时,某些禾草可能会留在筛子上,因此,破碎完成后应检查破碎机,人工破碎未过筛的物料全部过筛,并将这些物料加入分析试样中。

2.2.4 成型(颗粒)试样制备

按照上述方法制备好的分析试样一般为粉末状,可以满足固体生物质燃料大部分物理性质和化学成分测定的需要,但部分分析测定项目需要将分析试样进一步成型,以保证试验方法的可行性。

以固体生物质燃料结渣性测定为例:需要先保证试样燃烧后能收集到足够质量的灰渣,同时灰渣中应有一部分粒度大于 6mm 的颗粒。然而,粉末状分析试样一般质地松软、密度小,燃尽后生成的灰粒度很小,难以形成适用于结渣性测定的灰渣(粒度>6mm)。为了能表达结渣率指标,需要增加试样的重量和粒度,因此,可将分析试样压缩制备为颗粒状试样,这里定义为成型(颗粒)试样。

1. 成型原理

在外界压力和温度作用下,松散的固体生物质燃料颗粒能黏结成一个整体,这主要是由于固体架桥、机械镶嵌和分子间力三者的共同作用形成的。在压缩成型过程中,黏结剂的固化、熔融物的凝固、溶解态物质的结晶等都有助于固体架桥的形成;压力的增加也有利于固体生物质燃料颗粒相互靠近并使其熔融点降低,提高颗粒间的接触面积,使熔融点达到新的平衡水平;纤维状、片状或块状颗粒之间也可以通过镶嵌和折叠黏结在一起,颗粒间的镶嵌可以提高成型燃料的机械强度,克服压缩后弹性恢复产生的破坏力。压缩成型过程中,生物质组分中的木质素、水分、树脂、蜡质等发挥着不可或缺的黏结剂功能。

(1) 木质素是生物质固有的内在黏结剂。100℃时木质素开始软化,温度达到 160℃时木质素开始熔融并形成胶体物质。在压缩成型过程中,由于温度和压力的共同作用,木质素黏附、聚合生物质颗粒,起到黏结剂的作用,提高成型物的机械强度。

(2) 在压力的作用下,生物质团粒间的水分与果胶质或糖类混合形成胶体物质,在压缩成型过程中起到黏结剂的作用。同时,水分可以降低木质素玻璃化转变温度,使物料可以在较低的加热温度下成型,有效降低能耗。

(3) 固体生物质燃料中对压力和温度比较敏感的树脂、蜡质等化学组分在压缩成型过程中也能够起到黏结剂的作用。

2. 成型设备

根据固体生物质燃料成型方式，生产成型燃料的专用设备可分为活塞冲压型、模辊挤压型以及螺旋挤压型等。其中，螺旋挤压型与活塞冲压型设备适用于生产块状与棒状燃料，而模辊挤压型设备主要用于生产颗粒燃料，最典型的模辊挤压型设备是环模成型机和平模成型机。

3. 制备过程

将预处理好的固体生物质燃料粉料送入成型设备，压缩成型获得成型（颗粒）试样。

4. 成型（颗粒）试样指标

成型（颗粒）试样的几何外形尺寸、密度、含水率、破碎率等质量指标应符合表 2-2-1 的规定。

表 2-2-1　固体生物质燃料成型（颗粒）试样基本性能要求

项 目	试样指标 （主要原料为草本类、木本类）	项 目	试样指标 （主要原料为草本类、木本类）
直径或横截面最大尺寸 D/mm	≤25	含水率/%	≤13
密度/(kg/m³)	≥1000	破碎率/%	≤5
长度/mm	≤4D	添加剂含量/%	无毒、无味、无害≤2

2.2.5　试样的存储和标识

制备好的分析试样或成型（颗粒）试样应保存在密闭容器中，每个装有试样的容器都应贴有带唯一性标识和样品种类等信息的标签，试样保存时间不能超过一周。

思 考 题

1. 简述固体生物质燃料采样的基本原则和基本过程。
2. 试描述从车辆上采样的方法并绘制采样点分布示意图。
3. 固体生物质燃料试样制备的主要步骤有哪些？每个步骤的目的是什么？
4. 固体生物质燃料试样制备常用的缩分方法主要有哪些？
5. 试描述任意一种固体生物质燃料试样制备中使用的缩分方法。
6. 为什么需要将一些分析试样进一步制备为成型（颗粒）试样？
7. 将固体生物质燃料压缩成型的方式主要有哪几种？

参 考 文 献

[1] 中华人民共和国国家质量监督检验检疫总局，中国国家标准化管理委员会. 固体生物质燃料检验通则：GB/T 21923—2008 [S]. 北京：中国标准出版社，2008.

[2] 中华人民共和国国家质量监督检验检疫总局，中国国家标准化管理委员会. 林业生物质原

料分析方法 取样方法：GB/T 35820—2018［S］. 北京：中国标准出版社，2018.

［3］ 中华人民共和国国家质量监督检验检疫总局，中国国家标准化管理委员会. 固体生物质燃料样品制备方法：GB/T 28730—2012［S］. 北京：中国标准出版社，2013.

［4］ 中华人民共和国国家质量监督检验检疫总局，中国国家标准化管理委员会. 固体生物质燃料全水分测定方法：GB/T 28733—2012［S］. 北京：中国标准出版社，2013.

［5］ 中华人民共和国农业部. 生物质固体成型燃料技术条件：NY/T 1878—2010［S］. 北京：中国农业出版社，2010.

［6］ 中华人民共和国农业部. 生物质固体成型燃料采样方法：NY/T 1879—2010［S］. 北京：中国农业出版社，2010.

［7］ 中华人民共和国农业部. 生物质固体成型燃料样品制备方法：NY/T 1880—2010［S］. 北京：中国农业出版社，2010.

［8］ 李纯毅. 煤质分析［M］. 北京：北京理工大学出版社，2012.

第3章 固体生物质燃料分析测定基础知识

固体生物质燃料具有成分复杂多变和用途多样的特点，因此必须对其理化特性进行分析测定。由于固体生物质燃料理化特性测定项目多，涉及大量的名词和定义，为了使固体生物质燃料分析测定工作顺利开展，并方便运用分析数据进行科学研究和技术开发工作，本章对固体生物质燃料分析测定过程中常用的分析方法、测定项目、测定结果表述、误差分析与处理等相关知识点进行介绍。

3.1 常用分析方法介绍

为了得到准确且具有代表性的分析测定结果，在固体生物质燃料采样和试样制备上都有严格规定，第2章已经对此进行了详细的介绍。除有特殊要求外，大多数物理和化学特性分析所用固体生物质燃料试样，即分析试样，一般是指破碎到规定最大标称粒度并达到空气干燥状态的样品。基于分析试样，根据不同测定项目的要求，需要开展不同的分析测试，因此，首先对常规分析测试方法进行简要介绍。

常用分析方法介绍

3.1.1 化学分析法

化学分析法是一种历史悠久的经典分析法，主要基于特定化学反应及其计量关系对物质进行分析，是分析化学的基础。化学分析法包括重量分析法和滴定分析法，以及试样处理的一些化学手段。化学分析法作为常规的分析方法，在当今生产生活的许多领域都发挥着重要作用。

化学分析法主要用于相对含量大于1%的常量组分的测定，具有准确度高、仪器设备（如天平、滴定管等）简单易得等特点，是解决常量分析问题的有效手段。化学分析法广泛应用于许多实际生产领域，本书中固体生物质燃料的组分分析、工业分析、全硫分析以及钾、氯、氟含量分析等就采用此法。随着科技的进步，化学分析法可以与各种仪器分析紧密结合，呈现出自动化、智能化、一体化的发展趋势。

1. 重量分析法

重量分析法是通过称量物质在化学反应前后的质量变化来测定其含量的方法。根据物质的化学性质，采用特定的化学反应，把被测组分转化为某种组成固定的沉淀或气体物质，再通过纯化、干燥、灼烧或吸收等手段处理后，精确称量该沉淀或气体物质，从而获得被测组分的含量。

2. 滴定分析法

滴定分析法是一种容积分析法，是通过将一种已知浓度的标准溶液滴加至被测物质溶液中，根据反应完全时所用标准溶液的浓度和体积计算被测物质含量的方法。

3.1.2 仪器分析法

仪器分析法是以物质的理化性质为基础，通过电学、光学、计算机等技术测量光、电、磁、声、热等物理量，直接或间接将表征物质理化特性的实验现象转变成人们已认识的关于物质组成、含量或结构等信息。该方法综合性较强，是一个能够体现学科交叉、科学与技术高度融合的科技分支，具有灵敏度高、选择性好、操作简便等优点。按照测定过程中观测到的物质性质，仪器分析法又分为光学分析法、电化学分析法、色谱法、质谱法等。

1. 光学分析法

光学分析法是一类重要的仪器分析法，主要依据物质发射或吸收的电磁辐射以及物质与电磁辐射的相互作用对物质进行分析，主要包括原子发射光谱法、原子吸收光谱法、紫外—可见分光光度法、原子荧光光谱法、分子荧光光谱法、核磁共振波谱法、红外光谱法及拉曼光谱法等。

2. 电化学分析法

电化学分析法是利用物质的电学及电化学性质对物质性质进行分析的一类分析法。通常以待测溶液为基础，构建一个化学电池（电极池或原电池），可以测定或分析化学电池的电化学性质（电流、电位、电量等）及其突变、电解产物的量与待测溶液构成之间的内在联系。

3. 色谱法

色谱法广泛应用于分析化学、有机化学、生物化学等领域，是一种分离和分析方法，又称为层离法、色谱分析法、层析法。色谱法是待分离物质分子在固定相和流动相之间分配平衡的过程，利用不同物质在不同相态的选择性分配达到分离的效果。根据物质的分离机制，色谱法可分为分配色谱、吸附色谱、凝胶色谱、离子交换色谱等；根据固定相和流动相的两相状态，色谱法可分为气液色谱法、液液色谱法、气固色谱法、液固色谱法。

4. 质谱法

质谱法是利用电场和磁场根据质荷比将运动的离子分开后再进行检测的一种物理分析方法，通过制备、分离、检测气相离子来鉴定化合物。质谱分析时，待测各组分经电离生成质荷比不同的离子，通过电场加速形成离子束进入质量分析器，离子束在电场和磁场的作用下发生相反的速度色散（速度快的离子偏转小，速度慢的离子偏转大），离子分别聚焦得到质谱图，从而确定其质量。

3.1.3 溶液及其浓度表示

固体生物质燃料分析测定中使用的溶液，凡是用水作为溶剂的都称为水溶液，简称溶液；用乙醇、苯等其他液体作为溶剂的，则把溶剂的名称加在溶液前面，称之为乙醇溶液、苯溶液等。

1. 溶液的浓度

在固体生物质燃料分析中，常用的溶液浓度表示方法有：

（1）物质的量浓度，指单位体积溶液中所含溶质的物质的量，以摩尔每升（mol/L）表示。

【例3-1-1】 $c(KCl)=1mol/L$，表示溶质的基本单元是氯化钾分子，其摩尔质量为74.5g/mol，该溶液的浓度为1mol/L，即每升溶液中含有74.5g氯化钾。

【例3-1-2】 $c\left(\frac{1}{2}HMnO_4\right)=1.5mol/L$，表示溶质的基本单元是1/2个高锰酸分子，其摩尔质量为1/2×120g/mol，即60g/mol，该溶液的浓度为1.5mol/L，即每升溶液中含有90g高锰酸。

【例3-1-3】 $c\left(\frac{1}{2}Mg^{2+}\right)=1mol/L$，表示溶质的基本单元是1/2个镁离子，其摩尔质量为12g/mol，溶液的浓度为1mol/L，即每升溶液中含有12g镁离子。

（2）质量分数或体积分数，指溶质的质量与溶液质量或溶质的体积与溶液体积之比。

（3）质量浓度，指溶质的质量除以溶液的体积，以克每升（g/L）或适当分倍数（mg/mL、g/mL等）表示。

（4）体积比或质量比，一种试剂与另一种试剂（或水）以体积比混合时，用（V_1+V_2）表示；以质量比混合时，则用（m_1+m_2）表示。当4体积水和1体积相对密度为1.84的硫酸混合，获得的硫酸溶液可以表示为（1+4）（V_1+V_2）硫酸。

2. 标准溶液

标准溶液是用于制备溶液的物质，并且能够准确标定出某种元素、离子、化合物或基团浓度的溶液，这类溶液的浓度用克每升（g/L）表示。

3.2 分析测定基础

分析测定基础

3.2.1 测定项目

根据固体生物质燃料的分类和预期用途不同，需要进行分析测定的项目涵盖固体生物质燃料的基本物理特性、基本化学特性、基本燃料特性、热分解和转化特性等方面。以下简要分类，作为概貌性了解。

1. 基本物理特性分析测定

（1）全水分测定。

（2）颗粒粒度测定。

（3）密度测定（视密度、堆积密度等）。

(4) 堆积角测定。

(5) 机械耐久性测定。

(6) 物理吸附分析（比表面积、孔容积、平均孔径）。

(7) 尺寸或体积测定。

2. 基本化学特性分析测定

(1) 组分分析（纤维素、半纤维素、木质素）。

(2) 元素分析（C、H、O、N、S）。

(3) 氮含量测定。

(4) 全硫含量测定。

(5) 灰中常量元素测定（K、Na、Fe、Ca、Mg等，以氧化物表示）。

(6) 全钾含量测定。

(7) 红外光谱分析。

3. 基本燃料特性分析测定

(1) 工业分析（水分、灰分、挥发分和固定碳）。

(2) 发热量测定。

(3) 氟含量测定。

(4) 氯含量测定。

(5) 灰熔融性测定。

(6) 着火温度测定。

(7) 结渣性测定。

4. 热分解和转化特性分析

(1) 热重分析。

(2) 热重红外分析。

(3) 原位红外分析。

(4) 热重质谱分析。

(5) 热裂解—气相色谱质谱联用分析。

3.2.2 测定次数规定

一般而言，每项分析测定均需对同一试样进行两次重复实验。两次实验结果的差值不超过同一实验室允许误差（以符号 r 表示）时，以两次实验结果的算术平均值作为分析测定结果，否则应进行第三次实验；三次实验结果的极差不大于 $1.2r$ 时，以三次实验结果的算术平均值作为分析测定结果，否则应进行第四次实验；四次实验结果的极差不大于 $1.3r$ 时，以四次实验结果的算术平均值作为分析测定结果；四次实验结果的极差大于 $1.3r$，但是其中三次实验结果的极差不大于 $1.2r$ 时，以这三个实验结果的算术平均值作为分析测定结果。当以上条件都不能满足时，舍弃全部实验结果，检查仪器设备和操作方法，重新进行实验。

设定固体生物质燃料发热量测定同一实验室的允许差 r 为 120J/g，测定次数示例如下：

【例3-2-1】 2次重复实验的测定值为：23548J/g、23498J/g。
2次测定值的差值为：23548－23498＝50J/g＜120J/g （1.0r）。
取平均值（23548＋23498）÷2＝23523J/g作为分析测定结果。

【例3-2-2】 2次重复实验的测定值为：23548J/g、23420J/g。
2次测定值的差值为：23548－23420＝128J/g＞120J/g （1.0r）。
补做1次得23410J/g。
3次测定值的极差为：23548－23410＝138J/g＜144J/g （1.2r）。
取平均值（23548＋23420＋23410）÷3＝23459J/g作为分析测定结果（不能因为23420J/g和23410J/g的差值小，而取它们的平均值23415J/g）。

【例3-2-3】 2次重复实验的测定值为：23548J/g、23420J/g。
2次测定值的差值为：23548－23420＝128J/g＞120J/g （1.0r）。
补做1次得23400J/g。
3次测定值的极差为：23548－23400＝148J/g＞144J/g （1.2r）。
再补做1次得23396J/g。
4次测定值的极差为：23548－23396＝152J/g＜156J/g （1.3r）。
取平均值（23548＋23420＋23400＋23396）÷4＝23441J/g作为分析测定结果。

【例3-2-4】 2次重复实验的测定值为：23548J/g、23420J/g。
2次测定值的差值为：23548－23420＝128J/g＞120J/g （1.0r）。
补做1次得23400J/g。
3次测定值的极差为：23548－23400＝148J/g＞144J/g （1.2r）。
再补做1次得23390J/g。
4次测定值的极差为：23548－23390＝158J/g＞156J/g （1.3r）。
但其中三次测定值（23420J/g、23400J/g、23390J/g）的极差为：23420－23390＝30J/g＜144J/g （1.2r）。
取平均值（23420＋23400＋23390）÷3＝23403J/g作为分析测定结果。

【例3-2-5】 2次重复实验的测定值为：23548J/g、23420J/g。
2次测定值的差值为：23548－23420＝128J/g＞120J/g （1.0r）。
补做1次得23400J/g。
3次测定值的极差为：23548－23400＝148J/g＞144J/g （1.2r）。
再补做1次得23280J/g。
4次测定值的极差为：23548－23270＝178J/g＞156J/g （1.3r）。
但其中任意3次测定值的极差都大于144J/g （1.2r）。
舍弃全部测定值，并检查仪器和操作方法，然后重新测定。

3.2.3 测定结果表述

1. 有效数字

在分析测定工作中，希望能以最准确的数字来表达分析测定结果，而实际上测量得到的最后一位数字是估计的、不确定的。通常把这个能够反映被测量大小的带有一位存疑数字的全部数字叫有效数字。例如，用天平称取固体生物质燃料分析试样 1.618g，该数值从左边第一个不是零的数字起到最末一位数的全部数字称为有效数字，有效位数是 4 位。为准确表达固体生物质燃料特性分析测定结果，记录数据、编制报告时需要按照表 3-2-1 规定的有效数字位数执行。

表 3-2-1　　　　固体生物质燃料特性分析测定结果位数

测 定 项 目	单位	测定值	报告值
全水分	%	小数点后一位	小数点后一位
工业分析（M_{ad}、A、V、FC）	%	小数点后二位	小数点后二位
碳、氢、氮（C、H、N）			
硫（S）			
灰中常量元素（K、Na、Fe、Ca、Mg等，以氧化物表示）			
发热量（Q）	MJ/kg (J/g)	小数点后三位 个位	小数点后二位 十位
氮（N）	%	小数点后二位	小数点后二位
全硫			
全钾			
氟	μg/g	个位	个位
氯	%	小数点后三位	小数点后三位
灰熔融性特征温度	℃	个位	十位
堆积密度	kg/m³	小数点后一位	个位
成型燃料视密度	g/cm³	小数点后二位	小数点后二位
机械耐久性	%	小数点后一位	小数点后一位
颗粒粒度	%	小数点后一位	小数点后一位
机械强度	%	小数点后一位	小数点后一位
比表面积	m²/g	小数点后一位	小数点后一位
总孔容	cm³/g	小数点后三位	小数点后三位
平均孔径	nm	小数点后二位	小数点后二位
着火温度	℃	个位	个位
结渣率	%	小数点后二位	小数点后二位
组分分析（纤维素、半纤维素、木质素等）	%	小数点后二位	小数点后二位

2. 数据修约

为准确表达固体生物质燃料特性分析测定结果，还需要进行数据修约。根据有效数字保留数位的要求，每一个量的数值表达需要将末位以后多余位数的数字按照一定规则取舍，这就是数据修约。关于数据修约的详细内容可以参考 GB/T 8170—2008《数据修约规则与极限数值的表示和判断》。

固体生物质燃料的分析测定结果，通过计算两次或两次以上实验重复测定值的算术平均值获得,并按以下原则修约到表3-2-1规定的位数。

(1) 如果平均值的末位有效数字后面的第一位数字大于5,则在末位有效数字上增加1,小于5则舍弃。

(2) 如果平均值的末位有效数字后面的第一位数字等于5,而5后面的数字不全为0,则在末位有效数字上增加1。

(3) 如果平均值的末位有效数字后面的第一位数字等于5,而5后面的数字全部为0时,若5前面一位为奇数,则在末位有效数字上增加1,若5前面一位为偶数(包括0),则将5舍弃。

(4) 如果拟舍弃的数字为两位以上时,不得进行连续多次修约,应该根据末位有效数字后边第一个数字的大小,按照上述规则只进行一次修约。

【例3-2-6】 下列数字取小数点后二位
  35.376——35.38
  35.374——35.37
  35.3751——35.38
  35.3750——35.38
  35.3850——35.38

3. 表示符号

除少数惯用符号外,固体生物质燃料的分析测定结果均采用分析测定项目英文名词的第一个字母或缩略字作为它们的代表符号。以下为固体生物质燃料分析测定项目的专用符号如下:

M_{ar}——收到基水分(全水分)　　HT——(灰熔融性)半球温度
M_{ad}——空气干燥基水分　　　　　FT——(灰熔融性)流动温度
A——灰分　　　　　　　　　　　　BD——堆积密度/容积密度
V——挥发分　　　　　　　　　　　DU——机械强度
FC——固定碳　　　　　　　　　　 φ——堆积角
S_t——全硫　　　　　　　　　　　 β——逆止角
Q_{gr}——高位发热量　　　　　　　$a_{(i-1)\sim i}$——粒度分计百分率
Q_{net}——低位发热量　　　　　　 A_i——粒度累计级配百分率
DT——(灰熔融性)变形温度　　　　D_{ar}——收到基的堆积密度
ST——(灰熔融性)软化温度　　　　ρ_M——固体生物质成型燃料样品的视密度

4. 基准

固体生物质燃料分析基准是指对燃料分析测定时所依据的试样状态。由于收到基表示的是实际原料,因此在进行燃料计算和热效率试验时,均采用收到基为基准。然而,固体生物质燃料外部水分的不稳定性,致使收到基各成分的百分比含量波动较大,以收到基进行分析评价是不准确的。因此,在固体生物质燃料分析测定中常用不同的基准来表示分析测定结果,以区别试样的不同状态。

(1) 基准的符号。基准的符号采用基准的英文名称缩写字母标在项目符号右下角,必要时用逗号分开表示,如:收到基(ar)、空气干燥基(ad)、干燥基(d)、干燥无灰基（daf）等。

(2) 基准的换算。按照不同基准的定义，固体生物质燃料的同一个特性指标，其分析测定结果采用不同基准来表示时就会是不同的数值，以干燥无灰基所表示的数值最大，以干燥基所表示的数值次之，空气干燥基所表示的数值再次之，以收到基所表示的数值最小。

为获得所要求的基准表示的分析测定结果（低位发热量的换算除外），可将有关数值代入表3-2-2所列的相应公式中，并乘以用已知基准表示的分析测定结果。

表3-2-2　　　　　　不同基准的换算公式

已知基	计算基			
	空气干燥基 (ad)	收到基 (ar)	干燥基 (d)	干燥无灰基 (daf)
空气干燥基 (ad)		$\dfrac{100-M_{ar}}{100-M_{ad}}$	$\dfrac{100}{100-M_{ad}}$	$\dfrac{100}{100-(M_{ad}+A_{ad})}$
收到基 (ar)	$\dfrac{100-M_{ad}}{100-M_{ar}}$		$\dfrac{100}{100-M_{ar}}$	$\dfrac{100}{100-(M_{ar}+A_{ar})}$
干燥基 (d)	$\dfrac{100-M_{ad}}{100}$	$\dfrac{100-M_{ar}}{100}$		$\dfrac{100}{100-A_d}$
干燥无灰基 (daf)	$\dfrac{100-(M_{ad}+A_{ad})}{100}$	$\dfrac{100-(M_{ar}+A_{ar})}{100}$	$\dfrac{100-A_d}{100}$	

【例3-2-7】 已知 $A_{ad}=31.20\%$，$M_{ad}=1.65\%$，$M_{ar}=8.0\%$，求 A_d 及 A_{ar}。

解：$A_d = \dfrac{100\%}{100\% - M_{ad}} \times A_{ad} = \dfrac{100\%}{100\% - 1.65\%} \times 31.20\% = 31.72\%$

$A_{ar} = \dfrac{100\% - M_{ar}}{100\% - M_{ad}} \times A_{ad} = \dfrac{100\% - 8.0\%}{100\% - 1.65\%} \times 31.20\% = 29.19\%$

【例3-2-8】 已知 $M_{ar}=7.60\%$，$V_{ar}=20.00\%$，$A_{ar}=35.85\%$，求 V_d 及 V_{daf}。

解：$V_d = \dfrac{100\%}{100\% - M_{ar}} \times V_{ar} = \dfrac{100\%}{100\% - 7.60\%} \times 20.00\% = 21.65\%$

$V_{daf} = \dfrac{100\%}{100\% - (M_{ar}+A_{ar})} \times V_{ar} = \dfrac{100\%}{100\% - (7.60\% + 35.85\%)} \times 20.00\% = 35.37\%$

【例3-2-9】 已知 $M_{ad}=1.30\%$，$A_{ad}=31.44\%$，$V_d=17.36\%$，求 FC_{ad}。

解：$V_{ad} = \dfrac{100\% - M_{ad}}{100\%} \times V_d = \dfrac{100\% - 1.30\%}{100\%} \times 17.36\% = 17.13\%$

$FC_{ad} = 100\% - M_{ad} - A_{ad} - V_{ad} = (100 - 1.30 - 31.44 - 17.13)\% = 50.13\%$

(3) 基准的应用。

1) 实验室用来分析测定的固体生物质燃料试样一般均失去了外在水分，处于空气干燥状态，所以直接测定出的特性指标值一般均用空气干燥基表示。

2）为了检查分析测定结果的准确性，可以使用标准煤样（固体生物质燃料暂无标准样）对比，它的特性指标值一般用干燥基表示。虽然实验测得的固体生物质燃料空气干燥基特性指标值在不同的湿度与温度条件下有所不同，但换算成干燥基后燃料的实际测量值与标准煤样的标准值之间就具有了直接可比性，可以判断分析测定结果的准确性。

3）考虑到排除水分会对燃料特性数据产生影响，而固体生物质燃料中的水分又随环境影响而变化，因此，在不少场合就需要应用干燥基。

3.3　误差分析与处理

在实际科研和生产活动中，实验测量值常常和被测对象的真值不符。一方面，测量值与被测量的真值之间存在着一个差值，该差值就是"测量误差"。为减小测量误差，保障测量数据准确可信，需要对测量误差进行分析处理；另一方面，对同一对象的多次测量结果不一致，说明测量结果存在着分散性。测量结果的分散程度可用"测量不确定度"来表征，不确定度理论是误差理论的应用和发展。以下将结合固体生物质燃料特性的分析测定，简要介绍测量误差和测量不确定度的基础知识。

误差分析与处理

3.3.1　测量误差

误差（errors）是实验科学术语，指测量结果偏离真值的程度。数学上称测定的数值或其他近似值与真值的差为误差。对任何一个量进行测量都不可能得出一个绝对准确的数值，即使所使用的测量技术是最完善的方法，但测量值也会和真值存在差异，这种测量值和真值之间的差异称为测量误差。数值计算中误差可以分为绝对误差和相对误差，也可以根据误差来源分为系统误差（又称可定误差、已定误差）、偶然误差（又称机会误差、未定误差）和粗大误差（又称毛误差）。

误差理论在科研与生产实践中起着重要作用，是仪器仪表、工程实验等领域的重要基础，掌握有关知识对于固体生物质燃料特性分析测定非常必要。

1. 误差来源

测量工作是在一定条件下进行的，外界环境的波动、仪器构造的不完善以及观测者的技术水平等都可能引起测量误差。具体而言，测量误差的来源主要可以分为以下几个方面：

（1）外界环境。观测环境的不断变化导致测量结果中带有误差，如：观测环境中的温度、湿度、气压、风力以及大气的清晰度和折光等。

（2）理论方法。在测量工作中，应用存在近似限制的理论公式或者不完善的测量方法会带来误差。

（3）仪器条件。仪器的性能等未能达到预期，如：加工装配过程中各种因素导致仪器的结构与设计的几何关系存在偏差，使得仪器投入测量工作时会带来误差。

（4）观测者。观测者受自身条件的限制会在操作使用仪器时产生误差，如：观测者感官鉴别能力不足、技术熟练程度不同等。

(5) 试剂问题。所使用的试剂质量会带来误差，如：测量使用的蒸馏水含有杂质、使用的试剂纯度不够等会引起的测定结果与实际结果之间的偏差。

2. 误差分类

按照对测量结果影响的性质不同，可以将误差分为三类，即系统误差、偶然误差和粗大误差。

(1) 系统误差。针对同一量在相同条件下进行多次测量，误差的大小和符号（正值或负值）均相同或者按一定规律变化，即为系统误差。系统误差具有显著的累积性和规律性，对测定结果的影响很大。通常，仪器设备的不完善是造成系统误差的主要原因。

(2) 偶然误差。针对同一量在相同条件下进行多次测量，误差的大小和符号具有不确定性，即为偶然误差，也称为随机误差。就个别值而言，偶然误差的大小和符号在测量前不能被预知。但在一定的条件下进行多次测量，误差列会呈现一定的统计规律，且随着测量次数的不断增加，偶然误差的规律性越明显。

(3) 粗大误差。在一定的观测条件下，明显超出规定条件下预期的误差，即为粗大误差。粗大误差存在于一切科学实验中，通过一定的措施只能在一定程度上被减弱，但不能被彻底消除。产生粗大误差的主要原因如下：

1) 客观原因。环境条件、设备状态的突变是产生粗大误差的重要原因，如：电压突变、仪器故障、电磁（静电）干扰、外界冲击和震动等导致了仪器测量值异常或被测物品发生位移等。

2) 主观原因。测量时应用了有缺陷的测量器械，因疏忽大意致使操作失误或读数、记录、计算错误等。此外，测试环境的反常突变也会造成这些误差。

3. 误差处理

(1) 系统误差处理。系统误差的大小和符号有一定的规律，通过找出系统误差产生的主要原因并采取调整仪器、修正方法等措施可以消除或减小其影响。

(2) 偶然误差处理。基本方法是概率统计法，处理的前提是系统误差可以忽略不计，或者其影响事先已被排除或事后肯定可予排除。一般认为，偶然误差是无数未知因素对测量产生影响的结果，所以是正态分布的，这是概率论中极限定理的必然结果。减小误差的方法包括选用精密的测量仪器和多次测量取平均值。

(3) 粗大误差处理。粗大误差存在时测得的数据是异常值，其结果严重偏离实际情况，在进行数据处理时必须将其剔除。

4. 误差应用

精密度是保证测量准确度的先决条件，体现测量的偶然误差，表示测量的再现性。对于不同的规定条件，精密度的度量不同，其中最重要的度量为重复性和再现性，需要通过多个实验室对多个试样进行协同试验来确定。

(1) 重复性和再现性分别对应两种极端的测量条件，是精密度的两个极端值。重复性体现的是在几乎完全相同的测量条件（即重复性条件）下所获得测量结果的最小差异，而再现性则体现的是在完全不同的测量条件（即再现性条件）下所获得测量结果的最大差异。

（2）精密度通常以算术平均差、极差、标准差或方差来量度，表示测定过程中随机误差的大小。

GB/T 6379.2—2004《测量方法与结果的准确度（正确度与精密度） 第 2 部分：确定标准测量方法重复性与再现性的基本方法》给出了一些通过协同实验室间试验，获得测量方法精密度数值估计的试验设计所应遵循的一般原则，提供了估计测量方法精密度常用的基本方法和实用说明，为精密度估计的试验设计执行和结果分析提供指南。

GB/T 21923—2008《固体生物质燃料检验通则》要求试验方法应有良好的适用性和测定结果复现性，所有固体生物质燃料特性分析测定有关的试验方法和程序都应对测定方法精密度做出规定，具体如下：

（1）固体生物质燃料的试验方法精密度用重复性限和再现性临界差表示。

（2）重复性限，是指在重复性条件下（同一实验室、同一操作者、同一台仪器、同一试样）对同一数值于短期内进行重复测定，两次测定结果的绝对差值不超过此数值的概率为 95％。重复性限的符号为 r，按式（3-3-1）计算，即

$$r=\sqrt{2}\times t_{0.05}\times s_r \qquad (3-3-1)$$

式中 s_r——实验室内单个重复测定结果的标准差；

$t_{0.05}$——95％概率下的 t 分布临界值。

（3）再现性临界差，是指在再现性条件下（不同实验室、不同操作者、同一方法、相同的仪器设备）对从固体生物质燃料样品缩制最后阶段的同一试样中分取出来的具有代表性的部分所做的重复测定，两次测定结果的绝对差值不超过此数值的概率为 95％。再现性临界差的符号为 R，按式（3-3-2）计算，即

$$R=\sqrt{2}\times t_{0.05}\times s_R \qquad (3-3-2)$$

式中 s_R——实验室间测定结果（单个实验室重复测定结果的平均值）的标准差。

3.3.2 测量不确定度

测量不确定度表示被测量值的可疑程度，通过定量表述测量结果的可疑程度来说明实验室的检测能力水平，这和测量误差具有完全不同的含义。测量不确定度概念的提出是用来描述测量结果的，表示被测量值的分散性特征。不确定度值越小，说明测量结果和被测量的真实值越接近，检测质量和水平越高，检测结果的使用价值越高。为使报告委托人可以评定检测结果的可靠性，进行不同测量结果之间的可比性评价，在检测结果报告中应该给出相应的不确定度。

测量不确定度可以分为三类，即标准不确定度、合成标准不确定度和扩展不确定度；测量不确定度的评定方法分为：A 类评定方法和 B 类评定方法，应用时需根据项目的具体情况选择使用，测量不确定度的计算还需用到概率论和数理统计知识。实际测量工作中有很多因素可以导致不确定度的产生，涉及检测过程中人、机、料、法、环等各个方面，进行测量不确定度的评定需要紧密结合测量工作实际。在本书后续的固体生物质燃料特性分析测定实验过程中可以深入学习、掌握测

量不确定度的相关知识,同时结合具体实验项目进行测量不确定度评定的应用实践,相关内容可参考 JJF 1001—2011《通用计量术语及定义》、JJF 1059.1—2012《测量不确定度评定与表示》《误差理论与测量不确定度评定》《计量学基础》等。

思 考 题

1. 固体生物质燃料分析基准换算中常用基准有哪些?各基准之间如何换算?
2. 固体生物质燃料常用分析测定方法有哪些?
3. 固体生物质燃料分析测定项目包括哪几大类?各类别中的主要测定项目有哪些?
4. 简述固体生物质燃料分析测定中测定次数及结果取值的有关规定。
5. 简述固体生物质燃料分析测定结果的修约规则。
6. 如何区分测量误差、系统误差、随机误差这几个概念?
7. 测量不确定度可以分为哪几类?

参 考 文 献

[1] 中华人民共和国国家质量监督检验检疫总局,中国国家标准化管理委员会. 固体生物质燃料检验通则:GB/T 21923—2008 [S]. 北京:中国标准出版社,2008.
[2] 李纯毅. 煤质分析 [M]. 北京:北京理工大学出版社,2012.
[3] 国家质量监督检验检疫总局. 通用计量术语及定义:JJF 1001—2011 [S]. 北京:中国质检出版社,2012.
[4] 中华人民共和国国家质量监督检验检疫总局,中国国家标准化管理委员会. 数据修约规则与极限数值的表示和判断:GB/T 8170—2008 [S]. 北京:中国标准出版社,2008.
[5] 中华人民共和国国家质量监督检验检疫总局,中国国家标准化管理委员会. 测量方法与结果的准确度(正确度与精密度) 第2部分:确定标准测量方法重复性与再现性的基本方法:GB/T 6379.2—2004 [S]. 北京:中国标准出版社,2004.
[6] 国家质量监督检验检疫总局. 测量不确定度评定与表示:JJF 1059.1—2012 [S]. 北京:中国质检出版社,2013.
[7] 李金海. 误差理论与测量不确定度评定 [M]. 北京:中国计量出版社,2003.
[8] 李东升. 计量学基础 [M]. 2版. 北京:机械工业出版社,2014.

第 4 章 固体生物质燃料的基本物理特性分析与测定

实验 4-1 固体生物质燃料全水分测定

一、实验介绍

固体生物质燃料在加工、保存和利用过程中均要求水分含量保持在一定的范围内，因此，需要对水分含量进行测定。固体生物质燃料中的水分按其结合状态分为化合水和游离水。化合水也称结晶水，是与生物质中矿物质相结合的水，不仅含量少，而且难以脱除，一般不需要测定；游离水即为全水分，按其赋存状态分为外在水分和内在水分。外在水分是存在于固体生物质燃料表面或非毛细空穴中的水分；内在水分是存在于固体生物质燃料颗粒毛细孔内的水分。本实验将主要依据 GB/T 28733—2012《固体生物质燃料全水分测定方法》介绍固体生物质燃料全水分的测定。

固体生物质燃料全水分测定

二、实验原理

将待测固体生物质燃料试样在（105±2）℃下干燥至恒重，根据固体生物质燃料质量损失得到水分含量。

三、实验目的及要求

(1) 熟练掌握固体生物质燃料全水分的测定方法。
(2) 学习鼓风干燥箱、分析天平等仪器的操作方法及注意事项。

四、检测仪器及消耗材料

(1) 鼓风干燥箱：要求恒温能够加热至105℃，精度±2℃。
(2) 分析天平：要求称量范围大于500g，感量0.1g。
(3) 电子台秤：要求称量范围大于5kg。
(4) 托盘：由铝板或镀锌铁板等耐热、耐腐蚀材料制成，要求能够容纳300g样品，且单位面积最大载重负荷 1g/cm²。

五、实验方法与步骤

1. 样品制备

将固体生物质燃料破碎为粒度不大于30mm的待测样,质量不小于2kg。

2. 样品质量核查

在测定固体生物质燃料全水分之前,确保待测样品存放于密封防水包装中,并称量核对密封包装上标签所注明的总质量。当称量的总质量略小于标签注明的总质量(低于1‰),且样品转运过程中没有其他损失时,需将减少的质量当做试样转运过程中的水分质量损失计算水分损失百分率,并进行水分损失补正。

3. 样品称量

称取固体生物质燃料样品之前,首先将样品倒在干净无污染的平整地面或者托盘上,然后把样品混合均匀、摊平,使用棋盘法取样,具体操作参照第2章2.2.3节。

4. 样品的测定

(1) 方法A(仲裁法)。

1) 称取粒度不大于30mm的样品(300±10)g(称准至0.1g),迅速放入预先干燥和已称量过的托盘(质量记作m_1)内,均匀摊开,确保托盘中的样品分布不超过$1g/cm^2$。同时作为空白对照,还需要称量一个同样的空白托盘(质量记作m_4)。

2) 将空白托盘和盛有固体生物质燃料样品的托盘(质量记作m_2)一起放入(105±2)℃的鼓风干燥箱中,在鼓风条件下干燥2.5h后取出;然后趁热称量盛有样品的托盘(质量记作m_3)和空白托盘(质量记作m_5),以避免样品和托盘在空气中吸收水分。

3) 对盛有样品的托盘进行检查性干燥,每次要求30min,直至连续两次干燥后质量变化不超过0.5g为止(或者达到质量恒定),以上称量检查均要求称准至0.1g。当质量增加时,则以质量增加前一次的质量作为计算依据。

(2) 方法B(简化法)。

1) 称取粒度不大于30mm的样品(300±10)g(称准至0.1g),放入预先干燥和已称量过的托盘(质量记作m_1)内,平均摊开,使其在托盘中的样品分布不超过$1g/cm^2$。

2) 将盛有样品的托盘(质量记作m_2)放入(105±2)℃的鼓风干燥箱中,在鼓风条件下,保证干燥所需空气流通,设置干燥时长为2.5h,取出样品趁热称量(质量记作m_3),以避免样品和托盘在空气中吸收水分,影响称重质量。

3) 对盛有样品的托盘进行检查性干燥,每次要求30min,直至连续两次干燥后质量变化不超过0.5g为止(或者达到质量恒定),以上称量均称准至0.1g。当质量增加时,则以质量增加前一次的质量作为计算依据。

六、实验结果与数据处理

1. 实验记录

实验数据按表4-1-1格式记录。

实验 4-1　固体生物质燃料全水分测定

表 4-1-1　　　　　固体生物质燃料全水分测定原始记录表

样品名称					样品外观	
实验内容		固体生物质燃料全水分				
检测设备及状态						
检测设备设置参数						

一、方法 A（仲裁法）

	托盘编号		1	2	3
	空托盘质量 m_1	g	(　　)	(　　)	(　　)
	试样质量	g	(　　)	(　　)	(　　)
水	干燥前总质量 m_2	g	(　　)	(　　)	(　　)
分	干燥后总质量 m_3	g	(　　)	(　　)	(　　)
	第一次检查后总质量	g	(　　)	(　　)	(　　)
	第二次检查后总质量	g	(　　)	(　　)	(　　)
	干燥前空白托盘室温质量 m_4	g	(　　)	(　　)	(　　)
	干燥后空白托盘趁热称量质量 m_5	g	(　　)	(　　)	(　　)
	$M_t = \dfrac{(m_2-m_3)-(m_4-m_5)}{m_2-m_1} \times 100\%$		＿＿＿％	＿＿＿％	＿＿＿％
			平均值 M_t	＿＿＿％	

二、方法 B（简化法）

	托盘编号		1	2	3
	空托盘质量 m_1	g	(　　)	(　　)	(　　)
全	试样质量	g	(　　)	(　　)	(　　)
水	干燥前总质量 m_2	g	(　　)	(　　)	(　　)
分	干燥后总质量 m_3	g	(　　)	(　　)	(　　)
	第一次检查后总质量	g	(　　)	(　　)	(　　)
	第二次检查后总质量	g	(　　)	(　　)	(　　)
	$M_t = \dfrac{m_2-m_3}{m_2-m_1} \times 100\%$		＿＿＿％	＿＿＿％	＿＿＿％
			平均值 M_t	＿＿＿％	

三、水分损失补正（$M_1 \leqslant 1\%$）

	来样质量或是标签注明质量 m_6	g	(　　)	(　　)	(　　)
	来样实验室称取质量 m_7	g	(　　)	(　　)	(　　)
	$M_1 = m_6 - m_7$	g	(　　)	(　　)	(　　)
	$M'_t = M_1 + \dfrac{100-M_1}{100} \times M_t$		＿＿＿％		

式中　M'_t——固体生物质燃料的全水分质量分数，％；
　　　M_1——固体生物质燃料在转运过程中的水分损失，％；
　　　M_t——不考虑固体生物质燃料在转运过程中水分损失时的全水分质量分数，％。

实验心得与注意事项	

2. 精密度

固体生物质燃料全水分测定方法重复性限为 1.0％。

37

3. 数据处理

1) 方法 A（仲裁法）

$$M_t = \frac{(m_2 - m_3) - (m_4 - m_5)}{m_2 - m_1} \times 100\% \quad (4-1-1)$$

式中　M_t——固体生物质燃料试样全水分质量分数，%；
　　　m_1——空托盘的质量，g；
　　　m_2——空托盘和样品在干燥前的总质量，g；
　　　m_3——空托盘和样品在干燥后的总质量，g；
　　　m_4——空白托盘在干燥前室温下的质量，g；
　　　m_5——空白托盘在干燥后趁热称量的质量，g。

2) 方法 B（简化法）

$$M_t = \frac{m_2 - m_3}{m_2 - m_1} \times 100\% \quad (4-1-2)$$

式中　M_t——固体生物质燃料试样全水分质量分数，%；
　　　m_1——空托盘的质量，g；
　　　m_2——托盘和样品在干燥前的总质量，g；
　　　m_3——托盘和样品在干燥后的总质量，g。

3) 水分损失补正

当固体生物质燃料在转运过程中有水分损失，则按下式计算补正全水分值：

$$M_t' = M_1 + \frac{100 - M_1}{100} \times M_t \quad (4-1-3)$$

式中　M_t'——固体生物质燃料全水分质量分数，%；
　　　M_1——固体生物质燃料在转运过程中的水分损失，%；
　　　M_t——不考虑固体生物质燃料在转运过程中水分损失时的全水分质量分数，%。

需要说明的是，当 $M_1 > 1\%$ 时，说明在转运过程中固体生物质燃料可能受到其他意外损失，不可进行水分补正。此时测得的水分值仅作为实验室收到样品的全水分，并在报告实验结果时标明"未经水分损失补正"。

七、注意事项

（1）注意水分损失补正。
（2）注意取样要均匀且有代表性。
（3）将试样均匀摆放在鼓风干燥箱搁板上，不要集中摆放在搁板的一个部位，注意试样的放置不要影响内胆的通风。

思　考　题

1. 为什么检测时要同时测试一个空白托盘？
2. 简述全水分与工业分析中水分的区别。
3. 为什么要进行水分损失补正？

实验 4-2　固体生物质燃料颗粒粒度测定

固体生物质燃料颗粒粒度测定

一、实验介绍

不同的固体生物质燃料转化利用方式对其粒度和形状有不同的要求，粒度大小关系到燃料的转化反应速率、扩散速率、热质传递速率等过程参数，也关系到反应器的设计，例如，流化床的流化速度、压力分布、固定床的床层阻力、气流穿透能力等。本实验将介绍筛分法测定固体生物质燃料颗粒粒度，主要依据是 JB/T 9014.3—1999《连续输送设备　散粒物料粒度和颗粒组成的测定》。将固体生物质燃料用不同孔径的筛子筛分为粒度不同的若干级，以每一级颗粒的质量、数量或体积所占的百分率来表示颗粒的几何参数。

二、实验原理

固体生物质燃料颗粒粒度用筛分法进行测定。筛分法是在一定实验条件下，将试样通过一定孔径的标准筛后，称量各筛上存留集料的质量。根据各筛上存留集料的质量和原试样的总质量之比，确定物料的分计级配百分率、累计级配百分率和典型颗粒粒度等性能指标。

三、实验目的及要求

(1) 熟练掌握筛分法测定固体生物质燃料颗粒粒度。
(2) 学习使用 Origin 或者 Excel 等软件，并绘制固体生物质燃料颗粒粒度分计级配百分率和累计级配百分率物料级配曲线。

四、检测仪器及消耗材料

(1) 样品分析筛：筛网孔径分别为 10mm、5mm、2.5mm、1.25mm、0.63mm、0.315mm、0.16mm、0.1mm 的筛网，配筛底和顶盖。
(2) 鼓风干燥箱：最高工作温度 200℃，并附有自动调温和通风装置。
(3) 毛刷：用于清扫样品。
(4) 托盘天平：称量范围 1kg，感量 0.01g。
(5) 台秤：称量范围 10kg，感量 5g。
(6) 振筛机：设备的部件如图 4-2-1 所示。
(7) 白纸：若干张。

五、实验方法与步骤

(1) 筛子按孔径大小顺序叠置，孔径最小者置下层，附上筛子底盘。松开紧定手柄并上提螺杆，按需要摞叠筛具装入振动托盘。在使用筛具之前应检查筛子网孔和金属支撑框架，不能有筛子变形或抽丝等现象。

第4章 固体生物质燃料的基本物理特性分析与测定

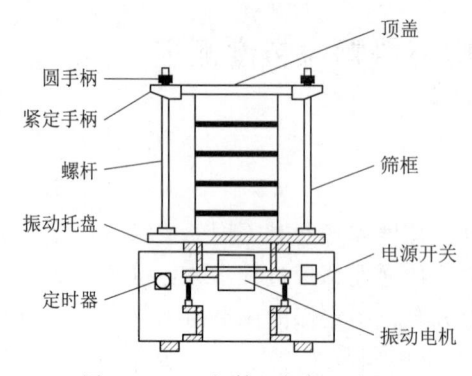

图4-2-1 振筛机部件示意图

(2) 把1kg干燥后的固体生物质燃料样品倒入最上层筛面上，盖好顶盖，缓慢放下夹紧机构，轻落于顶盖，并可靠夹紧。

(3) 逆时针转动夹筛盘上的圆手柄，使整个筛盘向下滑在筛框上，再顺时针转动夹筛盘上的圆手柄，夹紧筛框，将整套筛具固定紧。

(4) 打开振筛机电源开关，设定工作时间，随后启动设备，各按钮功能及时间指示如图4-2-2所示。按"停止"按钮，设备即停止运行。如果需要设备继续运转，再次按"启动"按钮，设备将继续运转，直至完成原来设定时间。本实验要求筛分时间设定为10min。

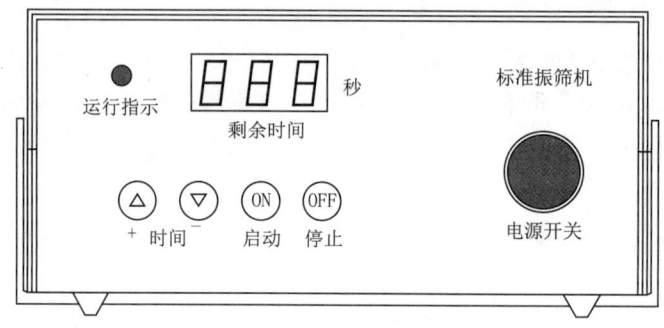

图4-2-2 控制盒面板示意图

(5) 待定时器到达预定时间，运行指示灯灭，振筛机会自动停止运行。

(6) 逆时针转动夹筛盘上的圆手柄，将筛盘松开并向上提，依次取下各个分样筛。称量各筛上存留集料的质量，其中粒度大于5mm为粗物料，准确称至5g；粒度小于5mm为细物料，准确至0.01g。每个样品重复实验三次，取平均值作为结果。

(7) 工作结束关闭电源。

六、实验结果与数据处理

(1) 分计级配百分率。某相邻粒度大小之间的固体生物质燃料颗粒（或料块）的质量占整批取样物料质量的百分比，叫做固体生物质燃料在该粒度级别的分计级配百分率，用 $a_{i\sim j}$ 表示。

【例4-2-1】 粒度在2.5~5mm之间的固体生物质燃料占整批取样物料质量的10%，则表示为：$A_{2.5\sim 5}=10\%$。

分计级配百分率按式（4-2-1）计算，精确至小数点后两位，即

$$a_{(i-1)\sim i}=\frac{g_i}{g_。}\times 100\% \tag{4-2-1}$$

式中 $a_{(i-1)\sim i}$——分计级配百分率，%；

g_i——第 i 号筛上存留物料质量，g；

g_0——筛分实验的物料试样总质量，g。

（2）累计级配百分率。固体生物质燃料中大于某粒度的物料颗粒（或料块）的累计质量占整批取样物料质量的百分比，称为固体生物质燃料在该粒度级别以上的累计级配百分率，用 A_i 表示。

【例 4-2-2】 粒度大于 5mm 的物料质量占整批取样物料质量的 15%，则表示为：$A_5 = 15\%$。

累计级配百分率按式（4-2-2）计算，精确至小数点后两位，即

$$A_i = \frac{\sum_{n=1}^{i} g_n}{g_0} \times 100\% \qquad (4-2-2)$$

式中 A_i——累计级配百分率，%；

$\sum_{n=1}^{i} g_n$——大于第 i 号孔径的各号筛上存留物料质量，g；

g_0——筛分试验的物料试样总质量，g。

（3）实验重复 3 次，取平均值，保留到小数点后一位。

（4）实验数据按表 4-2-1 格式记录。

（5）计算筛分的实验结果，根据分计级配百分率和累计级配百分率绘制物料级配曲线。

表 4-2-1　　固体生物质燃料颗粒粒度测定原始记录表

样品名称							样品外观	
实验内容		固体生物质燃料颗粒粒度						
检测设备及状态								
检测设备设置参数								
种　类		1		2		3		
		燃料样品质量	分计级配百分率	燃料样品质量	分计级配百分率	燃料样品质量	分计级配百分率	
粒度级别/mm	<0.1							
	$0.1 \leqslant a_{i \sim j} < 0.16$							
	$0.16 \leqslant a_{i \sim j} < 0.315$							
	$0.315 \leqslant a_{i \sim j} < 0.63$							
	$0.63 \leqslant a_{i \sim j} < 1.25$							
	$1.25 \leqslant a_{i \sim j} < 2.5$							
	$2.5 \leqslant a_{i \sim j} < 5$							
	$5 \leqslant a_{i \sim j} < 10$							
	≥10							
实验心得与注意事项								

七、注意事项

(1) 正确使用仪器设备，严格按照仪器操作规程进行操作。操作过程中如有异常情况应及时断电检查，必要时进行维修，直至故障被排除，方可继续进行实验。

(2) 振筛机运行时不能用手触摸，以免夹伤、撞伤、砸伤。

思 考 题

1. 表 4-2-2 给出了几种常见固体生物质燃料的粒度级别，请绘制出累计级配百分率曲线。

表 4-2-2　　　　　　　　固体生物质燃料粒度分布

种类		玉米秸秆/%	花生壳/%	小麦秸秆/%	水稻秸秆/%	棉花秆/%
粒度级别/mm	<0.1	3.33	11.35	7.44	9.61	2.12
	$0.1 \leq a_{i\sim j} < 0.16$	11.68	23.62	20.82	16.73	5.71
	$0.16 \leq a_{i\sim j} < 0.315$	13.99	56.67	13.09	35.35	12.76
	$0.315 \leq a_{i\sim j} < 0.63$	39.41	8.36	19.58	21.73	54.50
	$0.63 \leq a_{i\sim j} < 1.25$	6.45	0.00	9.15	3.96	24.31
	$1.25 \leq a_{i\sim j} < 2.5$	5.42	0.00	13.66	6.04	0.00
	≥ 2.5	19.71	0.00	16.26	6.58	0.60

2. 思考固体生物质燃料粒度对其转化利用有何影响？以生物质直接燃烧为例，具体分析一下粒度对燃烧过程的影响。

实验 4-3　固体生物质成型燃料视密度测定

固体生物质成型燃料视密度测定

一、实验介绍

固体生物质成型燃料密度一般有三种表示方法：堆积密度、视密度和真密度。堆积密度是指单位体积内自然堆积的干燥固体生物质成型燃料的质量与堆积体积之比，堆积体积包含固体生物质成型燃料样品个体间的空隙和样品个体内部的空隙。视密度是干燥固体生物质成型燃料的质量与样品全部个体占有的体积之比，此体积包含样品个体内部的空隙，但不包含样品个体之间的空隙。真密度是干燥固体生物质成型燃料的质量与样品物质本身占有的体积之比，此体积既不包含样品个体之间的空隙，也不包括样品个体内部的空隙。同一种生物质成型燃料的堆积密度、视密度和真密度是依次增加的。在不同的场合中需要采用不同的密度参数，例如，在循环流化床反应器中需要考虑床层压降、颗粒的传热传质以及颗粒的分离行为等，因此常采用固体生物质成型燃料的视密度和真密度；而在设计燃料储存容积时常采用堆积密度。本实验主要依据 NY/T 1881.7—2010《生物质固体成型燃料试验方法 第 7 部分：密度》测定固体生物质成型燃料样品的视密度。

二、实验原理

称取一定量的固体生物质成型燃料样品，表面用蜡涂封后（防止水渗入样品的孔隙），通过样品在空气和在液体中的重量差值测定浮力，计算出蜡颗粒样品的体积，减去蜡的体积后即得样品的体积，最后利用样品的质量计算出固体生物质成型燃料的视密度。固体生物质成型燃料视密度并不是一个绝对值，其随环境或技术因素（如空气湿度、振动或生物降解等）变化而变化。

三、实验目的及要求

（1）认识并了解固体生物质成型燃料。
（2）掌握固体生物质成型燃料视密度测定方法。
（3）学会使用密度测量台。

四、检测仪器及消耗材料

（1）分析天平：称量范围 1kg 以上，感量 0.001g。
（2）温度计：1 个，0~100℃，分度为 0.5℃。
（3）密度测量台：包括容器支架、烧杯、固定支架、下沉固体挂篮（包括悬挂绳和浸没盘）或漂浮固体挂篮等配件。烧杯规格 200mL，如图 4-3-1 所示。

密度测量台可以放在天平上，包括一个跨天平称量盘的支架，用于防止天平过载。支架用于支撑玻璃烧杯，并通过一个具有吊杆的支撑架，将称量盘（浸没盘）悬挂在装有液体的玻璃烧杯中。盘中一次至少能容纳四粒颗粒燃料。支撑架和浸没

第4章 固体生物质燃料的基本物理特性分析与测定

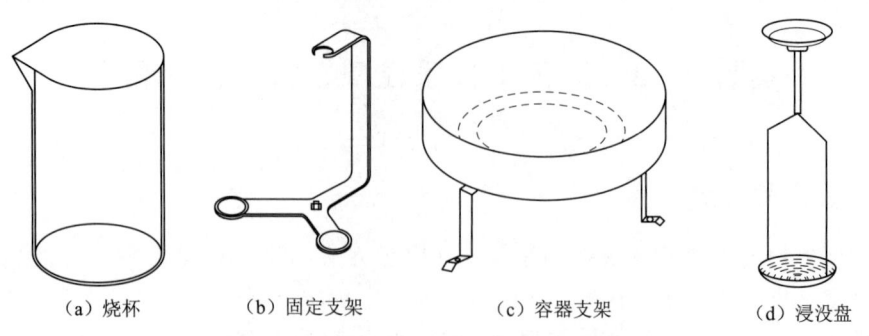

图 4-3-1 密度测量台主要配件示意图

盘都直接放置在天平盘上,浸没设备(盘和吊杆)在装入颗粒时可以移动。通过吊杆使浸没深度保持恒定。浸没盘的底部开有直径小于颗粒直径的小孔,当浸没时,水可以通过小孔从下面进入盘中。

如果被测样品材料的密度较小(小于 $1.0g/cm^3$),则需要有翻转浸没盘的修正吊杆,可将颗粒压到液体表面以下,防止颗粒漂浮。在吊杆上面固定一个额外的称量盘,用于在空气中进行质量测定。典型的密度测量台结构如图 4-3-2 所示。

(4) 分规:1个,用于测量尺寸。

(5) 水:含少量离子的水(如饮用水),温度为 10~30℃。

(6) 石蜡:约300g,熔点为 52~54℃。

(7) 电炉:功率500~600W。

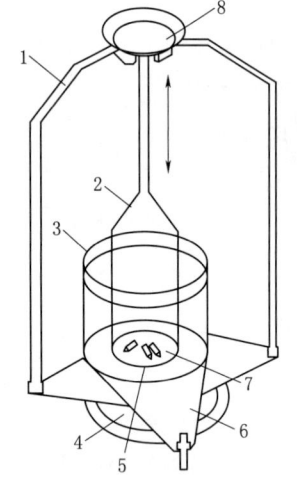

图 4-3-2 密度测量台结构示意图
1—支撑架;2—悬挂绳;3—玻璃烧杯;
4—天平;5—浸没盘;6—支架;
7—颗粒燃料;8—称量盘

五、实验方法与步骤

1. 样品准备

(1) 称取直径不大于12mm的固体生物质成型燃料样品500g。

(2) 从固体生物质成型燃料样品中选出至少40个颗粒作为子样,存放在预备测定实验的房间内至少2天。

(3) 测定固体生物质成型燃料样品密度前,需要先测定样品的全水分 M。

2. 实验步骤

(1) 搭建密度测量台。

1) 将天平拉门打开,移走秤盘。

2) 将固定支架放到移除秤盘的天平里,确保支架中心在天平中线上。

3) 将容器支架置于固定支架上,确保容器支架的前支撑脚处于固定支架两个称量臂的中间位置,并使容器支架碰不到固定支架。

4) 将温度计悬挂于烧杯壁上,并放置烧杯于容器支架的中心。

5) 将水缓慢注入烧杯中,使得液面超过待测固体1cm以上。

6) 将挂篮置于固定支架上，确保其表面没有气泡且不能接触到烧杯或温度计。

7) 打开天平开关，并保持半小时以上，待天平示数稳定后测定。

(2) 在空气中测定一组颗粒（至少四粒）的总质量 m_a，记录测量结果，精确到 0.001g。

(3) 将称量过的样品浸入预先用电炉加热至 70～90℃ 的石蜡中，用玻璃棒迅速拨动样品，直至表面不再产生气泡为止，立即取出样品，稍冷后撒在塑料布上，并用玻璃棒迅速拨开颗粒使其互不粘连。冷却至室温后，去掉黏在蜡样品颗粒表面上的蜡屑，准确称重至 0.001g，记录涂蜡样品的质量 m_1。

(4) 在室温下放置 1h 以上，检查并记录蒸馏水温度，根据温度确定水的密度值 ρ_1。蒸馏水温度和密度关系见表 4-3-1。

表 4-3-1　　　　蒸馏水温度 ($T+\Delta T$) 和密度关系表

T/℃	ΔT									
	0.0	0.1	0.2	0.3	0.4	0.5	0.6	0.7	0.8	0.9
10	0.99973	0.99972	0.99971	0.99970	0.99969	0.99968	0.99967	0.99966	0.99965	0.99964
11	0.99963	0.99962	0.99961	0.99960	0.99959	0.99958	0.99957	0.99956	0.99955	0.99954
12	0.99953	0.99951	0.99950	0.99949	0.99948	0.99947	0.99946	0.99944	0.99943	0.99942
13	0.99941	0.99939	0.99938	0.99937	0.99935	0.99934	0.99933	0.99931	0.99930	0.99929
14	0.99927	0.99926	0.99924	0.99923	0.99922	0.99920	0.99919	0.99917	0.99916	0.99914
15	0.99913	0.99911	0.99910	0.99908	0.99907	0.99905	0.99904	0.99902	0.99900	0.99899
16	0.99897	0.99896	0.99894	0.99892	0.99891	0.99889	0.99887	0.99885	0.99884	0.99882
17	0.99880	0.99879	0.99877	0.99875	0.99873	0.99871	0.99870	0.99868	0.99866	0.99864
18	0.99862	0.99860	0.99859	0.99857	0.99855	0.99853	0.99851	0.99849	0.99847	0.99845
19	0.99843	0.99841	0.99839	0.99837	0.99835	0.99833	0.99831	0.99829	0.99827	0.99825
20	0.99823	0.99821	0.99819	0.99817	0.99815	0.99813	0.99811	0.99808	0.99806	0.99804
21	0.99802	0.99800	0.99798	0.99795	0.99793	0.99791	0.99789	0.99786	0.99784	0.99782
22	0.99780	0.99777	0.99775	0.99773	0.99771	0.99768	0.99766	0.99764	0.99761	0.99759
23	0.99756	0.99754	0.99752	0.99749	0.99747	0.99744	0.99742	0.99740	0.99737	0.99735
24	0.99732	0.99730	0.99727	0.99725	0.99722	0.99720	0.99717	0.99715	0.99712	0.99710
25	0.99707	0.99704	0.99702	0.99699	0.99697	0.99694	0.99691	0.99689	0.99686	0.99684
26	0.99681	0.99678	0.99676	0.99673	0.99670	0.99668	0.99665	0.99662	0.99659	0.99657
27	0.99654	0.99651	0.99648	0.99646	0.99643	0.99640	0.99637	0.99634	0.99632	0.99629
28	0.99626	0.99623	0.99620	0.99617	0.99614	0.99613	0.99609	0.99606	0.99603	0.99600
29	0.99597	0.99594	0.99591	0.99588	0.99585	0.99582	0.99579	0.99576	0.99573	0.99570
30	0.99567	0.99564	0.99561	0.99558	0.99555	0.99552	0.99549	0.99546	0.99543	0.99540

(5) 将空的浸没盘放到指定的支架上，浸没设备不能碰到烧杯的底部或内壁。

(6) 当空的浸没设备在液面最大深度时，按天平"去皮"键调零。

(7) 取出浸没设备，将已测量的四个蜡封颗粒放在浸没盘上，然后小心地将它放回到指定的支架上。

(8) 当颗粒都浸没在液体中时，从天平上读出总质量并记录 m_2，精确到 0.001g。

(9) 读数后，立刻从液体中取出颗粒以避免因颗粒溶解造成液体污染。

(10) 重复步骤（2）～(8) 的操作 3 次，每 3 次重复实验后至少要换一次水。

六、实验结果与数据处理

（1）实验结果按表 4-3-2 格式记录。

表 4-3-2　　固体生物质成型燃料的视密度测定原始记录表

样品名称				样品外观	
实验内容	固体生物质成型燃料的视密度			
检测设备及状态					
检测设备设置参数					

一、使用密度测量台和天平测定固体生物质成型燃料的视密度

实验次数编号	1	2	3
试样在空气中的质量 m_a/g			
涂蜡样品的质量 m_1/g			
涂蜡样品在液体中的质量 m_2/g			
根据 $\rho_M = \dfrac{m_a}{\dfrac{m_1-m_2}{\rho_1} - \dfrac{m_1-m_a}{\rho_2}}$			
平均视密度			

二、使用分规和天平测定固体生物质成型燃料的视密度

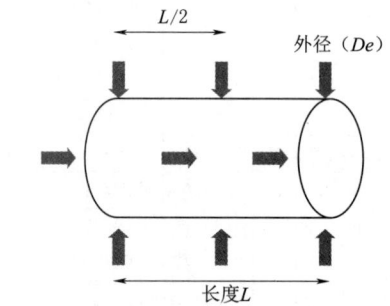

长度（L）：每个颗粒测量 2 次，每隔 90°测量一次。

1.　　　　　　　　　2.

外径（De）：每个颗粒测量 6 次（在两端及 $L/2$ 处各测 2 次）

1.　　　　　　　　　2.
3.　　　　　　　　　4.
5.　　　　　　　　　6.

根据下式计算体积：

$$V_p = \frac{De^2 \times \pi \times L}{4}$$

根据下式估算密度：

$$\rho_M = \frac{m}{V_p}$$

估算密度：

实验心得与注意事项	

(2) 根据式（4-3-1）计算一组颗粒的密度，即

$$\rho_M = \frac{m_a}{\dfrac{m_1-m_2}{\rho_1} - \dfrac{m_1-m_a}{\rho_2}} \qquad (4-3-1)$$

式中 ρ_M——给定全水分 M 的一组颗粒的密度，g/cm³；

m_a——样品在空气中的质量（包括样品水分），g；

m_1——涂蜡样品的质量（包括样品水分），g；

m_2——涂蜡样品在液体中的质量（包括样品水分），g；

ρ_1——使用的液体密度，g/cm³，通常蒸馏水的密度为 0.998g/cm³；

ρ_2——石蜡的密度，可根据 GB/T 6949—2010《煤的视相对密度测定方法》测定石蜡密度或者购买已知密度的石蜡，g/cm³。

计算重复实验的算术平均值，精确到 0.01g/cm³。

(3) 固体生物质成型燃料的体积估算。固体生物质成型燃料如图 4-3-3 所示。

分规测量方法如下：

长度（L）：每个颗粒测量 2 次，每隔 90°测量一次。

外径（De）：每个颗粒测量 6 次（在两端及 $L/2$ 处各测 2 次）。

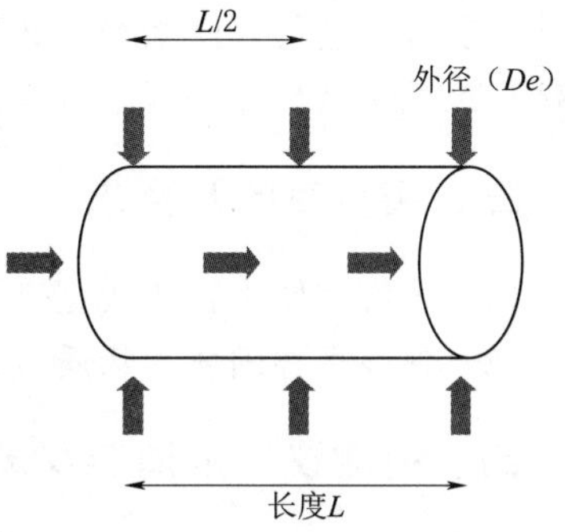

按式（4-3-2）计算体积，即

$$V_p = \frac{De^2 \times \pi \times L}{4} \qquad (4-3-2)$$

图 4-3-3 固体生物质成型燃料示意图

式中 V_p——颗粒的体积，cm³；

L——长度，cm；

De——外径，cm。

根据式（4-3-3）估算密度为

$$\rho_M = \frac{m}{V_p} \qquad (4-3-3)$$

式中 ρ_M——给定全水分 M 的一组固体生物质成型颗粒的密度，g/cm³；

m——给定全水分 M 的一组固体生物质成型颗粒的质量，g。

思 考 题

1. 如果被测样品的密度较小（小于 1.0g/cm³），怎么测量视密度？
2. 在空气中测定一组颗粒的总质量时，为什么要至少测量 4 粒样品？
3. 用封蜡法和估算体积法测定固体生物质成型颗粒视密度有什么区别？

实验 4-4　固体生物质成型燃料堆积密度测定

固体生物质
成型燃料堆
积密度测定

一、实验介绍

堆积密度是包括物料之间空隙在内的原料密度，反映了固体物料在实际应用中的比质量，是固体生物质成型燃料利用过程中装置设计的重要参数，并在很大程度上影响反应器的几何尺寸。本实验将学习固体生物质成型燃料堆积密度的测定方法，主要依据 NY/T 1881.6—2010《生物质固体成型燃料试验方法　第 6 部分：堆积密度》。

二、实验原理

将实验样品装入已知尺寸和形状的标准容器并称量，由单位标准体积的净质量来计算堆积密度，并根据已测定的全水分含量得到样品的干基堆积密度。

三、实验目的及要求

（1）了解固体生物质成型燃料堆积密度测定原理。
（2）熟练掌握固体生物质成型燃料堆积密度的测定方法。

四、检测仪器及消耗材料

（1）大容重桶：1 个，金属制品，填充容积为 50L，容积的偏差为 1L（即 2%），有效直径（内径）为 360mm，有效高度（内高）为 491mm，如图 4-4-1 所示。

（2）小容重桶：1 个，金属制品，填充容积为 5L，容积的偏差为 0.1L（即 2%），有效直径（内径）为 167mm，有效高度（内高）为 228mm，如图 4-4-2 所示。要求结构坚固，内表面光滑。

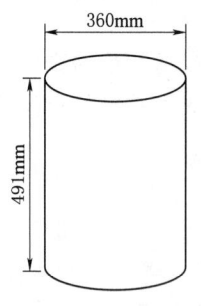 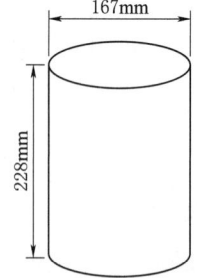

图 4-4-1　大容重桶示意图　　图 4-4-2　小容重桶示意图

（3）电子秤：用于大容重桶测量，称量范围不低于 50kg，感量为 10g。
（4）天平：用于小容重桶测量，称量范围不低于 5kg，感量为 1g。
（5）木棒：1 根小块木料，最好为坚硬的木材或其制品，长度为 600mm，截面为50mm×50mm。

(6) 木板：1块厚度为15mm、尺寸足够大（振动时容器可落在上面）的平整木板。

(7) 刀片或锯子：用于样品制备。

五、实验方法与步骤

1. 样品准备

对样品进行缩分。样品的体积应超过测量容器体积的30%，对于标称最大粒度大于100mm的样品，需切割到标称最大粒度小于100mm，使用刀片或带锯沿成型燃料轴线的合适角度将成型燃料切断。

2. 实验步骤

(1) 容重桶体积的测定。使用前应测定容重桶的质量和填充容积。用天平称量洁净干燥的空容重桶，然后往容重桶中加水及3~5滴润湿剂（如液体肥皂）直到最大容量，并记录质量。由加水前后的质量变化得到所加水的净重。根据水的净重和密度计算容器的容积，记录结果并精确到 $0.00001m^3$（大容重桶）或 $0.000001m^3$（小容重桶）。注意需保持水温在10~20℃，此时水温对密度的影响可忽略不计。

(2) 形成最大高度锥体。将待测样品从高于容器上边缘200~300mm处倒入容器中，直至形成最大可能高度的锥体。确保容器在填装前干燥、洁净。

(3) 振动填装好的容器。将木板放在平坦且坚硬的地面上，使得木板与地面完全接触，没有缝隙。在振动之前，除去掉落在木板上的样品颗粒，确保容器能够在竖直方向上与地面相碰撞。将容器从150mm高度自由掉落在木板上发生振动，重复振动两次以上，然后根据步骤（2）填装容器中空出的空间。为了准确估计掉落的高度，在把装有样品的容器移动到自由下落处之前，须将其放置在离地高度150mm的坚硬直板上。

(4) 使用木棒清除掉在振动过程中被移到容器边缘的多余固体生物质燃料。当容器中含有粗糙固体生物质燃料时，必须手动除去所有阻碍直板自由通过的燃料颗粒。当除去大颗粒致使表面出现空洞时，需要填满空洞并重复上述去除步骤。

(5) 称量测试容器。将使用过和未使用的固体生物质燃料掺混在一起，至少重复一次上述步骤（2）~（4），从而得到两个重复实验结果。堆积密度测定以后，还需要测定给定样品的全水分。

六、实验结果与数据处理

1. 堆积密度原始结果

堆积密度原始结果按表4-4-1格式记录。

表 4-4-1　　　固体生物质成型燃料的堆积密度测定原始记录表

样品名称				样品外观	
实验内容	固体生物质成型燃料的堆积密度					
检测设备及状态					
检测设备设置参数					

一、测定固体生物质成型燃料的堆积密度

实验次数编号	1	2
容重桶的质量 m_1/kg		
容重桶及燃料的质量 m_2/kg		
容重桶的容积 V/m³		
收到基的堆积密度 $\left(D_{ar}=\dfrac{m_2-m_1}{V}\right)$/(kg/m³)		
收到基的平均堆积密度		

二、测定样品的全水分，可得出干基样品堆积密度

　　　干基堆积密度：_____

实验心得与注意事项	

2. 收到基堆积密度的计算

根据式（4-4-1）计算样品收到基的堆积密度，即

$$D_{ar}=\frac{m_2-m_1}{V} \tag{4-4-1}$$

式中　m_1——容重桶的质量，kg；

　　　m_2——容重桶及燃料的质量，kg；

　　　V——容重桶的容积，m³。

每次测定的结果应保留到小数点后一位，以算数平均值为最终结果，并四舍五入到 10kg/m³。

3. 干基样品堆积密度的计算

根据式（4-4-2）计算干基样品的堆积密度，即

$$D_{dn}=D_{ar}\times\frac{100-M_{ar}}{100} \tag{4-4-2}$$

式中　M_{ar}——样品全水分，％；

　　　D_{dn}——干基样品的堆积密度，g/cm³。

注：式（4-4-2）忽略了干燥程度对结果的影响，通常会引起重大偏差的收缩或膨胀。因此，只有当样品水分含量相同时，才能对比不同燃料样品的堆积密度。

思 考 题

1. 测定容重桶的质量和填充容积，为何要加入几滴润湿剂（如液体肥皂），作用是什么？（提示：润湿剂能产生很好的分散效果。）
2. 思考固体生物质成型燃料堆积密度与粒度分布之间的关系。

第4章 固体生物质燃料的基本物理特性分析与测定

实验 4-5 固体生物质燃料堆积角的测定

固体生物质燃料堆积角的测定

一、实验介绍

流动性是决定固体生物质燃料堆放方式、料斗导管设计的重要参数。在堆积过程中，固体生物质燃料颗粒之间、颗粒与容器壁面之间的摩擦力影响其流动性。在一定实验条件下，通过测定物料的自然堆积角和动态堆积角可以确定物料的流动性。本实验主要依据 JB/T 9014.7—1999《连续输送设备 散粒物料 堆积角的测定》测定固体生物质燃料的堆积角。

二、实验原理

流动性是指在四周无容器侧壁限制的条件下，固体生物质燃料向四周自由流动的性质。物料的流动性可以用物料的自然堆积角 φ 和逆止角 β 表达。自然堆积角 φ 是指物料从一个规定的高处自由均匀地落下时，所形成的能稳定保持锥形料堆的最大坡角（即自然坡度表面与水平面之间的夹角）。堆积角小，则流动性好；堆积角大，则流动性差。逆止角 β 是指物料通过料仓卸料口连续卸料后形成的最大坡角。

三、实验目的及要求

（1）熟练掌握固体生物质燃料自然堆积角和动态堆积角的测定方法。
（2）学会使用堆积角测定仪。

四、检测仪器及消耗材料

（1）堆积角测定仪：由升降架、集料筒、控制闸门、平板及振动平台组成，如图 4-5-1 所示。集料筒下料口距离平板 250mm，可通过升降架调节，下料口直径 50mm，料筒内径 300mm，集料筒出口有控制阀门。堆积平板的直径为 1m。振动平台采用磁振动方式，半波模式下最大振幅为 0.5mm，频率范围为 0~250Hz。

（2）堆积平板：1块，金属制品，直径 1m。
（3）高度游标卡尺：1把。
（4）角度尺：1把。
（5）仪器附件：料盘、料铲、铁锹、毛刷及金属丝刷等工具。
（6）钢板尺：1把，量

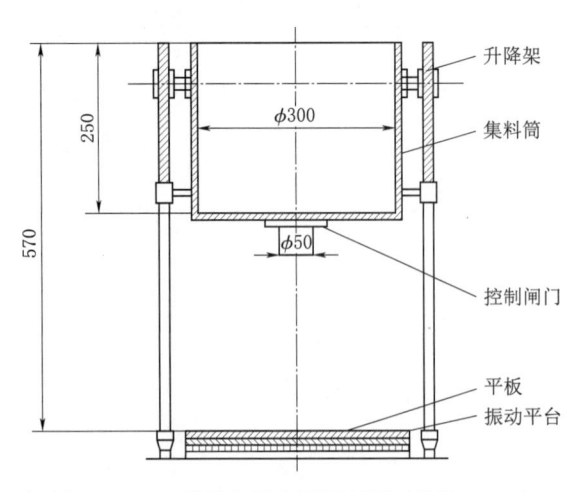

图 4-5-1 堆积角测定仪原理图（单位：mm）

52

程 2m。

五、实验方法与步骤

(1) 粒度小于 6mm 的物料采用堆积角测定仪进行测定。

1) 通过升降架调节仪器下料孔口距堆积平板高度为 250mm，使用高度游标卡尺测量；将待测固体生物质燃料装入堆积角测定仪的料筒中，确保物料高出筒口成锥体，并用料铲刮平，如图 4-5-2 所示。

2) 将堆积平板清理干净后方可打开集料筒下料口，使物料自由下落并在平板上堆积成锥形料堆。

3) 打开测定仪电源，设定测试参数。启动振动平台，使堆积平板及料堆与振动平台一起振动，逐步增大振幅，加快振动频率，直至振幅为 0.5mm、频率为 50Hz，继续振动 2min，测量并记录振动后料堆的动态堆积角的各参数。用角度尺测定料堆的自然堆积角，用高度游标卡尺测量料筒内和料堆上各参数。

(2) 粒度大于 6mm 的物料采用人工堆积法进行测定。

1) 根据燃料粒度准备待测固体生物质燃料量，其中粒度小于 25mm 的试样不少于 20L，粒度不小于 25mm 的试样不少于 40L。

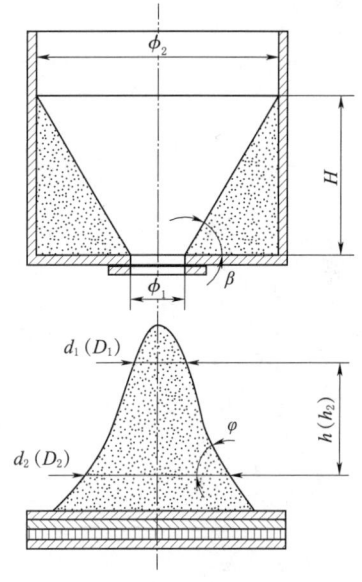

图 4-5-2 测量示意图

2) 将堆积平板置于振动平台上并调平，使其高度偏差不大于 1.5mm。用料铲或铁锹将试样缓慢均匀地加到堆积平板上形成料堆，直至物料在堆积平板上形成稳定的最大自然坡角的料堆为止。加料时料铲或铁锹口离料堆锥体不得超过 50mm。

3) 按图 4-5-2 所示测量各参数，并记录。

4) 启动振动平台，使堆积平板、料堆与振动平台一起振动，逐步增大振幅，加快振动频率，直至振幅为 0.5mm、频率为 50Hz 为止，继续振动 2min，测量并记录振动后物料动态堆积角的各参数。

六、实验结果与数据处理

(1) 实验数据按表 4-5-1 格式记录。

(2) 逆止角按式 (4-5-1) 计算 (准确至 1′)，即

$$\beta = \arctan \frac{2H}{\phi_2 - \phi_1} \quad (4\text{-}5\text{-}1)$$

式中 β ——物料的逆止角，(°)；
ϕ_1 ——堆积角测定仪的卸料口直径，mm；

ϕ_2——测定仪的集料筒内径，mm；

H——测定仪的集料筒内形成料孔高度，mm。

表 4-5-1　　固体生物质燃料堆积角的测定原始记录表

样品名称			样品外观	
实验内容	固体生物质燃料堆积角			
检测设备及状态					
检测设备设置参数					

实验次数编号	1	2
集料筒内形成料孔高度 H/mm		
料堆的测量高度 h/mm		
料堆的测量下底直径 d_2/mm		
料堆的测量上底直径 d_1/mm		
振动后料堆的测量高度 h_2/mm		
振动后料堆的测量下底直径 D_2/mm		
振动后料堆的测量上底直径 D_1/mm		
实验心得与注意事项		

（3）静态堆积角按式（4-5-2）计算（准确至1′），即

$$\varphi_1 = \arctan \frac{2h}{d_2 - d_1} \quad (4-5-2)$$

式中　φ_1——物料的静态堆积角，（°）；

　　　h——料堆的测量高度，mm；

　　　d_2——料堆的测量下底直径，mm；

　　　d_1——料堆的测量上底直径，mm。

54

(4) 动态堆积角按式 (4-5-3) 计算（准确至 1°），即

$$\varphi_d = \arctan \frac{2h_2}{D_2 - D_1} \qquad (4-5-3)$$

式中 φ_d——物料的动态堆积角，(°)；
h_2——振动后料堆的测量高度，mm；
D_2——振动后料堆的测量下底直径，mm；
D_1——振动后料堆的测量上底直径，mm。

(5) 结果计算。取两次实验结果的算术平均值为试样的堆积角。如两次测定误差超过 5%，实验须重做。

思　考　题

1. 固体生物质燃料的堆积角和逆止角有什么差别？两者之间是否有内在联系？
2. 固体生物质燃料逆止角的大小对固定床反应器有什么影响？
3. 逆止角与粒径大小有关，粒径越小，逆止角越大，这是由于微细粒子相互间的黏附性较大造成的。请简述其他影响固体生物质燃料逆止角的因素。

实验 4-6　固体生物质成型燃料机械耐久性测定

固体生物质成型燃料机械耐久性测定

一、实验介绍

机械耐久性由固体生物质成型燃料的压缩条件和成型密度决定，反映了成型燃料的黏结性能。机械耐久性主要用于评价成型燃料在运输、装卸和进料过程中的抗机械破碎能力，通常随着生物质成型燃料存放时间的增加而降低。本实验主要依据 NY/T 1881.8—2010《生物质固体成型燃料试验方法 第 8 部分：机械耐久性》测定固体生物质成型燃料的机械耐久性。

二、实验原理

在可控的振动条件下，使样品与样品、样品与测试器内壁之间发生碰撞，并分离出已磨损和细小的颗粒，然后根据剩余的样品质量计算固体生物质成型燃料的机械耐久性。

三、实验目的及要求

（1）熟练掌握固体生物质成型燃料机械耐久性测定的实验方法。
（2）学习使用固体生物质成型燃料机械耐久性试验转鼓。

四、检测仪器及消耗材料

（1）试验筛：根据待测固体生物质成型燃料的直径，选择合适的金属线网试验筛，筛网孔径约等于成型燃料直径（或对角线）的 2/3，但不能超过 45mm。对颗粒燃料，选取孔径为 3.15mm 的圆孔筛。

（2）天平：最大量程 2kg，感量 0.1g。

（3）转鼓：转鼓由罐体、支架及盖等组成。罐体为圆柱形钢筒，内径 184mm，内筒深 184mm，壁厚不小于 6.4mm。罐内配有一个支架（结构如图 4-6-1 所示）：两个环，外径 181mm，宽 19mm，由厚度为 3mm 的钢板制成；三个支板，长 165mm，宽 19mm，由厚度为 3mm 的钢板制成，用六个支脚固定在环上。支脚的两端与环的外端平齐，支脚的外缘与环的外缘的距离为 15.9mm；用铆钉固定支架各部件。

在支架和罐体内壁间加楔子，将支架固定在罐体内，尽可能保证其轴线与罐体的轴线一致，使支架可以和罐体一起转动。罐体采用嵌入式盖密封，盖下垫一个厚橡胶垫圈，采用螺栓法将盖压紧，设备组装如图 4-6-2 所示。将转鼓水平放置在适当的转动装置上，并沿其轴线以 (40±1)r/min 的速度旋转。

五、实验方法与步骤

1. 样品制备

测定机械耐久性至少需要 5kg 成型燃料，样品应保存在密闭容器中以防止吸潮，

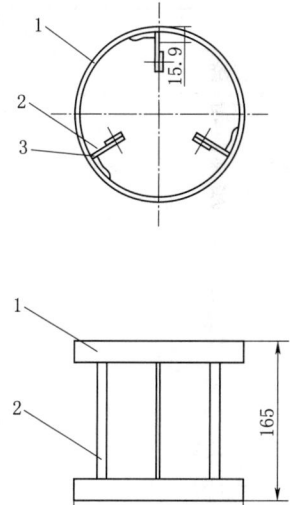
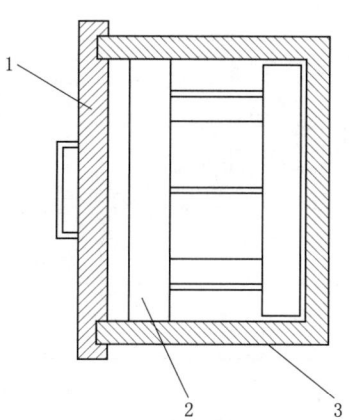

图4-6-1 支架示意图（单位：mm）
1—环；2—支板；3—支脚

图4-6-2 转鼓示意图
1—盖；2—支架；3—罐体

在耐久性测定过程中样品应处于室温状态。对于标称最大粒度大于100mm的固体生物质成型燃料应使用刀片或带锯，沿成型燃料轴线的合适角度将成型燃料切断，使其最大粒度小于100mm。实验前用试验筛筛选样品，样品中不能包括任何粉末。

2．实验步骤

（1）将（1±0.1）kg样品放入转鼓中，并以（40±1）r/min的转速旋转（500±1）转。

（2）将样品通过试验筛，筛网孔径约等于燃料直径（或对角线）的2/3，但不超过45mm。对于颗粒燃料，使用孔径为3.15mm的圆孔筛。

（3）通过机械或人工振动一段时间后进行筛分，保证颗粒完全分离，然后称量筛网上样品重量。

六、实验结果与数据处理

（1）实验数据按表4-6-1格式记录。

（2）利用式（4-6-1）计算固体生物质成型燃料的机械耐久性，即

$$DU = \frac{m_A}{m_E} \times 100 \tag{4-6-1}$$

式中　DU——机械耐久性，％；

m_E——转鼓处理前未筛分的样品质量，g；

m_A——转鼓处理后筛分的样品质量，g。

DU进行两次重复实验，计算平均值，保留到小数点后一位。

机械耐久性测定的重复性限和再现性临界值见表4-6-2。

表 4-6-1 固体生物质成型燃料机械耐久性实验原始记录表

样品名称			样品外观	
实验内容	固体生物质成型燃料机械耐久性			
检测设备及状态					
检测设备设置参数					
实验次数编号 转鼓处理前未筛分的样品质量 m_E/g 转鼓处理后筛分的样品质量 m_A/g	1		2	
	$DU = \dfrac{m_A}{m_E} \times 100$				
实验心得与注意事项					

表 4-6-2　　　　　　　　　　　机械耐久性测定精度　　　　　　　　　　　　%

机械耐久性	实验结果允许的最大差值	
	重复性限	再现性临界值
≥97.5	0.2	0.5
<97.5	1	2

思 考 题

1. 测试固体生物质成型燃料机械耐久性对试验筛的要求是什么？

2. 如果测试固体生物质成型燃料未保存在密闭容器中，对实验结果有什么影响？

3. 影响固体生物质成型燃料机械耐久性的因素有哪些？如何提升固体生物质成型燃料的机械耐久性？

实验 4-7　固体生物质燃料比表面积及孔结构分析

固体生物质燃料比表面积及结构分析

一、实验介绍

生物质燃料具有复杂的微观结构，直接影响其宏观性能，如流动性、机械性、燃烧性能等。因此，分析生物质的微观结构具有重要意义。本实验将基于液氮低温吸附法结合全自动物理吸附仪，对固体生物质燃料的比表面积及孔结构进行分析测定，参考标准为 GB/T 7702.20—2008《煤质颗粒活性炭试验方法 孔容积和比表面积的测定》。

二、实验原理

将真空脱气处理后的固体生物质燃料样品连同样品管称重后，在液氮温度（-196℃）下吸附高纯氮气；当吸附达到平衡时，测量平衡吸附压力和平衡吸附量。完成一个测量点后，重复上述过程，获得平衡压力由低压到饱和蒸气压的各点吸附量。以吸附量为纵坐标，相对压力为横坐标作图，即得到液氮温度下的吸附等温线，进而确定比表面积以及孔结构参数。比表面积通过 BET（Brunauer-Emmett-Teller）方程进行线性回归计算得到，BET 模型是基于多层吸附理论的通用表面积计算模型。总孔容根据吸附等温线上最大相对压力对应的吸附量换算成液态体积得到，平均孔径通过总孔容和比表面积计算得到。

三、实验目的及要求

（1）熟练掌握固体生物质燃料比表面积及孔结构分析的方法。

（2）了解全自动物理吸附仪的原理及操作方法。

四、仪器与试剂

（1）全自动物理吸附仪。典型的全自动物理吸附仪如图 4-7-1 所示，主要包括以下部分：

图 4-7-1　全自动物理吸附仪

1）脱气系统：配置有 2 个脱气站、2 个加热包、1 个冷阱。

2）分析系统：配备 1 个分析站，1 个 3L 低温大容量杜瓦瓶，通过自动液位传感器控制杜瓦瓶自动升降；配备 8 级压力传感器，以提供精确、可重复和高分辨率的压力数据，适用于介孔和高精度微孔分析。

（2）分析天平：称量范围不低于 100g，感量 0.1mg。

59

(3) 恒温干燥箱：最高温度 300℃。

(4) 超声清洗器：用于清洗样品管。

(5) 干燥器：内装变色硅胶或粒状无水氯化钙。

(6) 样品管：2个。

(7) 长颈漏斗：2个，用于添加样品。

(8) 液氮：能使吸附气体的饱和蒸气压力在测量过程中保持稳定。

(9) 吸附气体：氮气，纯度不低于 99.99%。

(10) 载气：氦气，纯度不低于 99.99%。

五、实验方法与步骤

1. 称取样品

(1) 取样。取适量具有代表性的固体生物质燃料试样，在 (105±2)℃ 的干燥箱中烘干 2h，烘干后置于干燥器中冷却到室温备用（试样水分小于1%时不需干燥）。

(2) 清洁样品管。将样品管超声清洁后在干燥箱中烘干，然后置于干燥器中冷却至室温备用。

(3) 称样。根据全自动物理吸附仪性能要求，称取样品量需确保该样品的总表面积（即样品质量×比表面积）在 $2\sim50m^2$。以介孔为主的固体生物质燃料试样量一般不少于 0.1g，以微孔为主的固体生物质燃料试样量不少于 0.05g（称准至 0.0002g），同时，固体生物质燃料试样体积不应超过样品管球体积的 2/3。

称样时，先称空样品管质量，再称样品质量，然后称样品管和样品的总质量。用长颈漏斗将样品小心送入样品管中，不应沾壁。

2. 开机准备

(1) 开启电脑，开启全自动物理吸附仪，打开软件；仪器需预热稳定 30min。

(2) 打开氮气、氦气气瓶阀，调节气瓶出口压力至 0.08MPa。

3. 脱气

为了保证样品的干净，需要对被测样品进行脱气除杂。利用温度及压力控制程序对固体生物质燃料试样进行脱气处理，步骤如下：

(1) 在样品管底部套上加热套，用金属夹固定好，将样品管安装到脱气站。

(2) 在冷阱内装入液氮。

(3) 在仪器操作软件中，输入样品名称，设定脱气温度和脱气时间，使样品按照设定的温度和时间在真空下加热并脱气。

(4) 脱气结束后，待样品管充分冷却，回填氦气，然后将样品管取下迅速称重。该质量减去空样品管的质量即得脱气回填后样品的质量。

4. 分析

(1) 将脱气后称量好的样品管装到分析站上，等待分析。

(2) 取下杜瓦瓶，装入液氮，并安装在分析仪上。

(3) 利用软件建立样品分析文件，并输入样品管及样品重量。

(4) 开始在液氮温度下进行吸附等温线的测定。

(5)测定完成后，样品管自动填充氮气，确保管内压力与大气压相近。分析结束后，取下样品管。

5. 数据处理

实验结束后，保存实验数据。

6. 关机

退出软件，关闭仪器、计算机和气源。

六、实验结果与数据处理

1. 实验记录

实验数据按表4-7-1格式记录。

表4-7-1　　固体生物质燃料比表面积及孔结构分析原始记录表

样品名称			样品外观	
实验项目	比表面积、总孔容、平均孔径			
检测设备 及状态					
仪器主要 工作参数					
1. 脱气前称样 　称量样品管空管质量_____g，装入样品后再称量样品和样品管总质量_____g。 2. 脱气升温程序 　第1阶段：温度_____℃，升温速率_____℃/min，时间_____h。 　第2阶段：温度_____℃，升温速率_____℃/min，时间_____h。 3. 脱气后称样 　脱气结束后，称量样品和样品管总质量_____。 4. 分析 　载气_____，气瓶压力_____MPa；吸附气体_____，气瓶压力_____MPa。				
实验序号	比表面积/(m²/g)	总孔容/(cm³/g)	平均孔径/nm	
1				
2				
平均值				
实验心得与注意事项					

2. 实验数据处理

（1）比表面积的计算。根据BET方程计算样品单分子层吸附量，结合吸附质分子截面积，即可获得样品的比表面积。

单分子层吸附量按式（4-7-1）计算，即

$$\frac{p}{V_a(p_0-p)} = \frac{1}{V_m C} + \frac{C-1}{V_m C} \times \frac{p}{p_0} \tag{4-7-1}$$

式中　V_m——单分子层吸附量，cm³/g；

　　　p——吸附平衡压力，Pa；

　　　p_0——液氮温度下被吸附气体饱和压力，Pa；

V_a——平衡压力下试样所吸附氮气体积，cm^3；

C——BET 常数。

在 0.05~0.35 的相对压力范围内，对式（4-7-1）进行线性回归，可得到斜率 A 和截距 B，单分子层吸附量 V_m 按式（4-7-2）计算，即

$$V_m = \frac{1}{A+B} \quad (4-7-2)$$

比表面积按式（4-7-3）计算，即

$$S = 4.353 V_m \quad (4-7-3)$$

式中　S——比表面积，m^2/g；

　　　V_m——单分子层吸附量，cm^3/g；

4.353——换算系数，m^2/cm^3。

（2）总孔容的计算。将吸附等温线上最大的相对压力对应的吸附量换算成液态体积，即为总孔容。总孔容按式（4-7-4）计算，即

$$V_k = 0.00155 \times V_{max} \quad (4-7-4)$$

式中　V_k——总孔容，cm^3/g；

　　　V_{max}——最大吸附量，cm^3/g。

0.00155——换数系数。

（3）平均孔径的计算。按照圆筒形模型计算平均孔径，平均孔径以 D 计，数值以纳米（nm）表示，按式（4-7-5）计算，即

$$D = \frac{4V_k}{S} \quad (4-7-5)$$

式中　S——比表面积，m^2/g；

　　　V_k——总孔容，cm^3/g。

3. 精密度

比表面积允许误差值不大于 10%。

4. 结果表述

比表面积实验结果保留至小数点后一位，总孔容实验结果保留至小数点后三位，平均孔径实验结果保留至小数点后两位。

七、注意事项

（1）加液氮时须戴液氮防护手套。

（2）杜瓦瓶里加液氮时需慢慢加入，以减小对杜瓦瓶的热冲击。

思　考　题

1. 实验过程中两次用到液氮，分别起什么作用？

2. 简述全自动物理吸附仪测定固体生物质燃料试样的比表面积、总孔容、平均孔径的基本原理。

3. 本实验脱气的目的是什么？如何确定脱气升温程序？

第 5 章 固体生物质燃料的基本化学特性分析与测定

实验 5-1 固体生物质燃料组分分析

一、实验介绍

木质纤维素类生物质主要由纤维素、半纤维素和木质素构成。纤维素是由 D-葡萄糖以 β-1,4-糖苷键连接而成的线性直链高分子多糖，结构相对简单，具有高度有序的晶体结构和较高的聚合度；半纤维素是由五碳糖、六碳糖及部分糖醛酸等多种糖基构成的高分子多糖，具有较多的支链结构，聚合度较低；木质素是由苯丙烷及其衍生物等基本结构单元通过醚键及碳碳键聚合而成的非晶体高分子无定型化合物，具有复杂的三维立体空间结构。其中，纤维素组成微细纤维，构成细胞壁的网状骨架，而半纤维素和木质素是填充在纤维和微细纤维之间的"黏合剂"和"填充剂"。在固体生物质燃料热化学转化过程中，纤维素、半纤维素和木质素的含量与产物分布及特性密切相关。本实验将介绍固体生物质燃料的组分分析，主要参考标准为 NY/T 3494—2019《农业生物质原料 纤维素、半纤维素、木质素测定》。

固体生物质
燃料组分分析

二、实验原理

固体生物质燃料组分分析的实验原理如图 5-1-1 所示。固体生物质燃料试样经过抽提、酸解后，纤维素和半纤维素等结构性多糖水解成葡萄糖、木糖、半乳糖、阿拉伯糖、甘露糖等单糖，溶于水解液中，可以通过色谱法测定这些单糖的含量。纤维素含量根据水解液中葡萄糖含量进行测定，半纤维素含量根据木糖、半乳

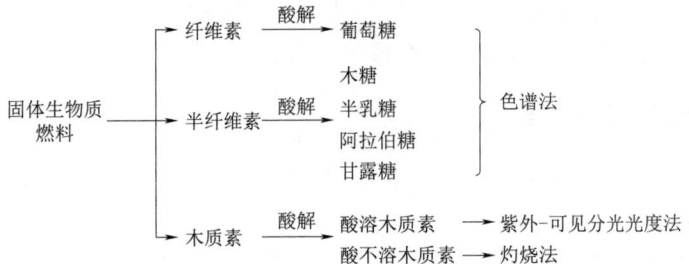

图 5-1-1 固体生物质燃料组分分析的实验原理

糖、阿拉伯糖、甘露糖含量进行测定。木质素可以分为酸溶木质素和酸不溶木质素，其中溶于水解液的酸溶木质素含量通过紫外—可见分光光度法测定，酸不溶木质素含量通过灼烧法测定。

三、实验目的及要求

（1）掌握固体生物质燃料主要组分的分析方法和原理。
（2）了解纤维素、半纤维素以及木质素三种化学组分的结构特征。

四、仪器与试剂

1. 试剂和材料

（1）乙醇：纯度不小于95%，400mL。
（2）碳酸钙：分析纯，5g。
（3）去离子水：要求电导率小于5μS/cm。
（4）超纯水：要求电导率小于0.1μS/cm。
（5）72%硫酸溶液100mL：用量筒量取98%硫酸溶液65.2mL，并沿烧杯壁缓缓倒入30mL去离子水中（注：此过程中不断用玻璃棒搅拌并冷却至室温，将冷却后的硫酸溶液倒入100mL的容量瓶中，用去离子水洗涤烧杯壁2~3次，并将洗涤液倒入容量瓶中，用去离子水定容后摇匀即可）。
（6）D-纤维糖二糖、D(+)葡萄糖、D(+)木糖、D(+)半乳糖、L(+)阿拉伯糖、D(+)甘露糖的标准样品，要求纯度不小于95%。

2. 仪器和设备

（1）分析天平：要求感量为0.1mg。
（2）索氏抽提器：1套，要求容量为250mL。
（3）电热鼓风干燥箱：要求能够加热恒温至（45±3）℃、（105±3）℃。
（4）恒温水浴锅：要求能够加热恒温至（30±3）℃。
（5）高压蒸汽灭菌器：要求能够加热恒温至（121±3）℃。
（6）马弗炉：要求可程序升温，能够加热恒温至（575±25）℃。
（7）耐压试管：6支，要求有螺纹具塞，耐压不小于60psi。
（8）真空过滤器：要求配置G4型玻璃砂芯坩埚。
（9）高效液相色谱仪：配示差折光检测器。
（10）紫外—可见分光光度计：可在320nm处测定吸光值。
（11）微孔过滤器：带0.22μm水相微孔滤膜。

五、实验方法与步骤

1. 抽提

（1）水抽提。

1）取一张滤纸做成滤纸筒，记录其重量。称量2~10g固体生物质燃料试样装入滤纸筒中，并放入索氏抽提器的抽提筒内。

2）将索氏抽提器与干燥至恒重的接收瓶连接，并向抽提器中添加 190mL 去离子水。

3）用电热套加热索氏抽提器，使水不断回流抽提（4～5 次/h），抽提 6～8h 后，关闭加热套，待索氏抽提器冷却至室温后，取下接收瓶。

（2）乙醇抽提。

1）重新取一只干燥至恒重的接收瓶，将其与水抽提后的抽提筒连接，向抽提筒中加入 190mL 乙醇，并加热，使乙醇不断回流抽提（6～10 次/h），抽提 16～24h 后，关闭加热套。

2）抽提器温度降至室温后，取出滤纸筒，放入干燥箱，在（45±3）℃下干燥至恒重，记录两步抽提后试样质量，称量精确至 0.1mg。

2．两步法酸水解

（1）坩埚恒重。将玻璃砂芯坩埚（G4）放入马弗炉中，并在（575±25）℃条件下灼烧至恒重。用坩埚钳将坩埚取出并放入干燥器中，待冷却至室温后称重，称量精确至 0.1mg。

（2）浓酸水解。

1）称取 300.0mg（精确至 0.1mg）抽提后的固体生物质燃料试样装入耐压试管中，同时加入 72%硫酸溶液 3.00mL，并迅速混合均匀。

2）将耐压试管置于（30±3）℃恒温水浴锅中加热，每隔 5～10min 振荡一次，1h 后取出试管，并向其中加入 84.00mL 去离子水，拧盖混匀。

每个试样做 2 次以上平行实验。

（3）糖回收标准溶液的配制。配制糖回收标准溶液以计算糖的回收率，所配置的标准溶液浓度应尽可能接近试样中对应组分的浓度。糖回收标准溶液的组分包括 D(+)葡萄糖、D(+)木糖、D(+)半乳糖、L(+)阿拉伯糖和 D(+)甘露糖。具体配置方法为：称取一定质量的糖装入耐压试管中（精确至 0.1mg），依次加入去离子水 10.0mL 和 72%硫酸溶液 348μL，拧紧盖子并混合均匀，经微孔过滤器过滤后，将糖回收标准溶液分装于样品瓶中，并冷冻储藏，使用时直接解冻摇匀即可。

（4）稀酸水解。

1）将盛有试样和糖回收标准溶液的耐压试管置于高压蒸汽灭菌器中，于 121℃条件下水解 1h 后取出，冷却至室温。

2）将水解产物用玻璃砂芯坩埚（G4）过滤，收集约 50mL 滤液并装入具塞容器中，于 0～4℃条件下储藏。为避免发生过度水解影响测定结果，要求在 6h 内完成酸溶木质素测定，24h 内完成纤维素和半纤维素测定。

3．测定

（1）酸溶木质素。用紫外—可见光分光光度计测量步骤 2 中获得的稀酸水解液在 320nm 处的吸光值，并用去离子水稀释至吸光值为 0.7～1.0，记录稀释后的吸光值和稀释倍数；同时测量去离子水在 320nm 处的吸光值作为空白对照。记录吸光值，并精确至 0.001。

（2）酸不溶木质素。

1）用热的去离子水将具塞耐压试管中的酸不溶残渣冲洗至玻璃砂芯坩埚（G4）中，用真空泵抽干后，将坩埚连同残渣一起放入烘箱中，在（105±3）℃下干燥至恒重，并记录坩埚和残渣的质量（精确至0.1mg）。

2）将坩埚和残渣放入马弗炉中，以10℃/min的升温速率加热至（575±25）℃，并灼烧3h以上，以确保有机物完全灰化。为避免试样燃烧及强气流引起的试样损失，马弗炉升温速率不能太高。灰化结束后，待马弗炉温度降至105℃时，取出坩埚并置于干燥器中冷却至室温，称量并记录坩埚和灰分质量（精确至0.1mg）。

3）碳水化合物。

①色谱条件。采用聚苯乙烯二乙烯苯树脂铅型糖分析柱（配备相应的除灰保护柱），以超纯水作为流动相，流速0.6mL/min，柱箱温度80~85℃，每次进样量20μL，采用示差折光检测器，检测器温度应和柱箱温度接近。

②标准曲线的绘制。表5-1-1为糖标准溶液的建议质量浓度范围。采用四点校正法，配置一系列浓度不同的混合标准溶液。记录高效液相色谱仪中测定标准溶液的峰面积，并分别以糖溶液浓度和对应的峰面积为横坐标和纵坐标，绘制标准曲线。

表5-1-1　　　　　　糖标准溶液的建议质量浓度范围

组　分	建议质量浓度范围/(mg/mL)	组　分	建议质量浓度范围/(mg/mL)
D-纤维二糖	0.1~4.0	D(+)半乳糖	0.1~4.0
D(+)葡萄糖	0.1~4.0	L(+)阿拉伯糖	0.1~4.0
D(+)木糖	0.1~4.0	D(+)甘露糖	0.1~4.0

③试样溶液测定。量取20mL步骤2制备的稀酸水溶液装入50mL锥形瓶中，向锥形瓶中缓慢加入碳酸钙，以中和多余的硫酸，并调节pH至5~6。缓慢倒出上清液，用微孔过滤器过滤后采用高效液相色谱仪进行定量分析。基于标准曲线回归方程分别计算D(+)葡萄糖、D(+)木糖、D(+)半乳糖、L(+)阿拉伯糖和D(+)甘露糖含量。

六、实验结果与数据处理

1. 酸溶木质素含量

酸溶木质素含量ASL按式（5-1-1）计算，即

$$ASL = \frac{A \times V \times N \times \omega_1 \times L}{\omega_{ef} \times \omega_0 \times \varepsilon} \tag{5-1-1}$$

式中　ASL——试样中酸溶木质素含量，%；

　　　A——滤液在320nm处紫外—可见吸光值的平均值；

　　　V——滤液体积，87mL；

　　　N——滤液稀释倍数；

L——比色皿厚度，cm；

ε——酸溶木质素在320nm处吸收率；

ω_0——水抽提前试样质量，g；

ω_1——乙醇抽提后试样质量，g；

ω_{ef}——步骤2中不含抽提物试样质量，g。

2. 酸不溶木质素含量

酸不溶木质素含量 AIL 按式（5-1-2）计算，即

$$AIL = \frac{[(m_2-m_1)-(m_3-m_1)]\omega_1}{\omega_{ef} \times \omega_0} \quad (5-1-2)$$

式中　AIL——试样中酸不溶木质素含量，%；

m_1——玻璃砂芯坩埚（G4）质量，g；

m_2——玻璃砂芯坩埚（G4）和酸不溶残渣的质量，g；

m_3——玻璃砂芯坩埚（G4）和灰分的质量，g。

3. 总木质素含量

总木质素含量 Lig 为酸溶木质素和酸不溶木质素含量之和，按式（5-1-3）计算，即

$$Lig = ASL + AIL \quad (5-1-3)$$

式中　Lig——试样中总木质素含量，%。

4. 纤维素和半纤维素含量

(1) 糖回收率。D-纤维二糖、D(+)葡萄糖、D(+)木糖、D(+)半乳糖、L(+)阿拉伯糖、D(+)甘露糖的回收率 R_i(%) 按式（5-1-4）计算，即

$$R_i = \frac{c_{i1}}{c_{i0}} \times 100 \quad (5-1-4)$$

式中　c_{i0}——酸水解前第 i 种单糖的质量浓度，mg/mL；

c_{i1}——酸水解后第 i 种单糖的质量浓度，mg/mL。

(2) 纤维素和半纤维素含量。

1) 试样中的葡聚糖、木聚糖、半乳聚糖、阿拉伯聚糖的含量 Z_i(%) 按式（5-1-5）计算，即

$$Z_i = \frac{c_i \times V \times F \times \omega_1}{R_i \times \omega_{ef} \times \omega_0} \times 100 \quad (5-1-5)$$

式中　c_i——第 i 种单糖[D(+)葡萄糖、D(+)木糖、D(+)半乳糖、L(+)阿拉伯糖、D(+)甘露糖]的质量浓度，mg/mL；

F——脱水校正因子，对葡萄糖、半乳聚糖和甘露聚糖，$F=0.9$；对木聚糖和阿拉伯聚糖，$F=0.88$。

2) 纤维素含量等于葡萄聚糖的含量，按式（5-1-6）计算，即

$$Cel = Z_1 \quad (5-1-6)$$

式中　Cel——试样中纤维素含量，%；

Z_1——试样中葡萄聚糖的含量，%。

3)半纤维素含量等于木聚糖、半乳聚糖、阿拉伯聚糖和甘露聚糖的含量之和，按式（5-1-7）计算，即

$$Hem = Z_2 + Z_3 + Z_4 + Z_5 \quad (5-1-7)$$

式中　Hem——试样中半纤维素含量，%；

Z_2——试样中木聚糖的含量，%；

Z_3——试样中半乳聚糖的含量，%；

Z_4——试样中阿拉伯聚糖的含量，%；

Z_5——试样中甘露聚糖的含量，%。

针对半纤维素中阿拉伯糖、甘露糖和半乳糖含量较低的固体生物质燃料，其半纤维素含量可以按木聚糖含量测定。

5．实验数据

实验数据按表5-1-2格式记录。

表5-1-2　　　　　　　　　　固体生物质燃料的组分分析

样品名称			样品外观	
实验内容	样品组分分析			
检测设备及状态				
仪器主要工作参数				
原始记录： 滤纸筒重量：_____　　固体生物质燃料试样重量：_____ 两步抽提后试样质量：_____　　坩埚质量：_____ D(+)葡萄糖：_____　　D(+)木糖：_____ D(+)半乳糖：_____　　L(+)阿拉伯糖：_____ D(+)甘露糖：_____ 　　　　　　　　　　第1组　　　　第2组 酸水解液吸光度　　　_____　　　_____ 稀释后酸水解液吸光度　_____　　　_____ 稀释倍数　　　　　　　_____　　　_____ 水的吸光度　　　　　　_____　　　_____ 砂芯坩埚和残渣质量　　_____　　　_____ 砂芯坩埚和灰分质量　　_____　　　_____				
实验序号	纤维素/%	半纤维素/%	木质素/%	
1				
2				
平均值				
实验心得与注意事项				

七、注意事项

（1）酸有腐蚀性，使用时小心拿放。

(2) 蒸馏时，注意液体不要流出，否则重做。

(3) 标准曲线绘制要求 $R^2 \geqslant 0.99$。

(4) 向酸中加入其他液体时，要用玻璃棒不停搅拌，以免发生爆炸。

(5) 当检测试样中纤维二糖含量较高（>3mg/mL）时，表明试样水解不完全；当色谱图中纤维二糖之前有其他峰出现，说明试样发生过度水解。

(6) 两次重复性独立测定结果的绝对差值不能大于算术平均值的10%。

思 考 题

1. 简述固体生物质燃料组分分析的原理。
2. 在固体生物质燃料组分分析过程中，抽提的目的是什么？
3. 为什么稀酸水解后的样品需低温保存，且在24h之内完成测定？
4. 简述造成糖水解不充分和水解过度的因素有哪些，分别对测试结果造成什么影响？

固体生物质燃料元素分析

实验 5-2　固体生物质燃料元素分析

一、实验介绍

生物质的元素组成主要包括 C、H、O、N 和 S 等，元素组成直接影响了生物质的热值等特性。本实验将介绍利用全自动元素分析仪快速测定固体生物质燃料中 C、H、N 和 S 元素含量的方法，即采用高温燃烧-吸附解析-热导法，使样品在高温下燃烧转换成气体，待测元素通过不同吸附柱吸附分离，由热导检测器（TCD）检测出各元素含量，参考标准为 DL/T 568—2013《燃料元素快速分析》。

二、实验原理

称取一定量的空气干燥固体生物质燃料试样，放入装填催化剂的燃烧管中，通入高纯氧气，使其在高温环境下燃烧。在燃烧过程中，样品中的 C、H、N 和 S 元素分别生成 CO_2、H_2O、NO_x、SO_2 和 SO_3，样品中的卤素生成挥发性的含卤素组分并由银丝吸收去除，除去卤素和杂质的待测气体进入不同的分离器后通过物理吸附进行分离，然后各分离器中不同元素组分依次解吸附，并依次进入 TCD，产生一定的电信号，TCD 测试信号传输到计算机，经数字化和计算处理后输出，从而得到试样中 C、H、N 和 S 元素含量。

为了建立 TCD 检测器信号积分面积和样品中元素绝对量之间的相互关系，需要对已知元素含量的不同重量的标准物质进行一系列的检测，软件将根据已知元素含量和样品重量计算出元素含量与积分面积之间的关系。

三、实验目的及要求

（1）掌握固体生物质燃料元素分析的方法及操作。
（2）了解元素分析仪的原理及使用。

四、仪器与试剂

1. 碳氢氮硫（CHNS）元素分析仪

典型的 CHNS 元素分析仪如图 5-2-1 所示，主要包括以下部分：

（1）机械式进样和通氧系统：主要包括进样盘和球阀两部分。进样盘用于放置待测样品并将当前样品送进球阀。球阀用于接住当前样品，并将当前样品与外界空气隔绝，使当前样品落入燃烧管内。

图 5-2-1　CHNS 元素分析仪

（2）加热炉和反应区：主要包括加热炉、装填好的燃烧管和还原管。加热炉用于加热燃烧管和还原管，并在设定温度下保持恒温，以保证得到重复性高的测试数据。装填好的燃烧管用于燃烧分解样品；装填好的还原管用于将氮氧化物还原为氮气，并除去剩余的氧气和挥发性卤素组分。

（3）分离区：主要包括吸附柱和附加吸收管。吸附柱用于将混有各待测元素的待测气体通过物理吸附进行分离；附加吸收管用于吸收从吸附柱内释放出的微量水分。

（4）TCD：由两个室组成，一个是测量池，用于流过待检测气体，另一个是参比池，用于流过参比气体，两室构成一个测试电桥。当待检测气体和参比气体流过两室时，检测器的输出信号产生变化。

2. 分析天平

称量范围不低于1g，感量0.1mg。

3. 附属部件及消耗品

（1）燃烧管：370mm，1支。其装填物如下：保护管（10缝），105mm，1支；灰分管（有底无缝），60mm，1支；氧气喷管，140mm，1支；支撑管，65mm，1支；三氧化钨颗粒，0.85~1.7mm，50g；刚玉球，3~5mm，40g；石英棉，2~5μm，10g。

（2）还原管：370mm，1支。其装填物如下：线状铜，直径0.5mm，300g；银棉，细丝，50g；刚玉球，3~5mm，40g；石英棉，2~5μm，10g。

（3）石英桥：65mm，1支，用于连接燃烧管和还原管。

（4）干燥管：3支，其装填物为五氧化二磷，50g。

（5）锡舟：规格为6mm×6mm×12mm，若干。

（6）锡箔杯：规格为35mm×35mm，若干。

（7）锡箔杯托：1个，用于支撑定位锡箔杯。

（8）平头镊子：120mm，1个。

（9）玛瑙研钵：70mm，1个。

（10）脱脂棉：50g。

（11）样品盒：24孔，1个。

4. 试剂

（1）磺胺标样：5g。

（2）载气：高纯氦气，纯度不低于99.999%。

（3）助燃气：高纯氧气，纯度不低于99.995%。

五、实验方法与步骤

1. 仪器开机并检漏

开启稳压电源、仪器、计算机及打印机。打开操作软件，打开氦气并调节减压阀压力至0.11~0.12MPa，使软件界面上显示压力值达到1000mbar。进入检漏操作程序，将出现检漏自动测试的图形对话框，执行整个管路系统的检漏测试。

2. 调节气体压力

检漏通过后，打开氧气并调节氧气减压阀压力至 0.20~0.22MPa，调节氦气减压阀使软件界面上显示压力值为 1200~1250mbar。

3. 炉温设定

进入软件操作程序，设定燃烧管温度为 1150℃，还原管温度为 850℃，仪器开始升温。

4. 空白样测试

待达到设定炉温后，首先做空白样测试，即不放样品测试。在软件操作界面输入假设样品质量（一般为 1mg）、样品名称和通氧方法，并开始实验。尽管没有样品，信号的变化也会计算出积分面积值，此积分面积值就是空白值。空白样测试次数取决于各元素的积分面积，当积分面积较小（一般 N 元素、C 元素和 S 元素积分面积达到 100 以下，H 元素积分面积达到 1000 以下）且稳定时，空白样测试结束。

5. 条件化测试

用标准物质进行仪器的条件化测试。一般称取 (40±1)mg 标准物质，用锡舟包裹并挤尽空气。在软件操作界面输入样品质量、样品名称和通氧方法，并开始实验。测试次数取决于积分面积是否稳定，一般连续测定 4 次。

6. 仪器日校正因子修正

用标准物质进行仪器的日校正因子修正，必须在测试样品的当天进行多次测定。准确称取 (40±1)mg 标准物质，用锡舟包裹并挤尽空气，放入元素分析仪。在软件操作界面输入样品质量、样品名称和通氧方法，并开始实验。一般连续测定 4 次，取平行结果计算日校正因子。每进 40~60 次样品，做 5~6 次标样，以检查系统的稳定性，并及时调整日校正因子。

7. 样品测定

在与标准物质相同的测试条件下对样品进行测定。准确称取 40~100mg 空气干燥固体生物质燃料试样（根据样品中元素含量高低来控制样品量，使样品中各元素所产生的信号与标准物质接近），用锡箔杯包裹并挤尽空气，放入元素分析仪，开始实验。一般每个固体生物质燃料试样连续做至少 2 次平行测定。

8. 数据处理

样品自动分析结束后，保存并打印实验结果。

9. 关机

开启睡眠模式，加热炉温度开始下降，待加热炉降温至 100℃ 以下关闭氦气和氧气。退出操作软件，关闭仪器、稳压电源、计算机及打印机。

六、实验结果与数据处理

1. 实验记录

实验数据按表 5-2-1 格式记录。

表 5-2-1　　　　　固体生物质燃料元素分析原始记录表

样品名称			样品外观	
实验项目	碳、氢、氮、硫含量			
检测设备及状态				
仪器主要工作参数				
实验序号	$C_{ad}/\%$	$H/\%$	$N_{ad}/\%$	$S_{t,ad}/\%$
1				
2				
平均值				
$M_{ad}=$_____，$H_{ad}=$_____				
实验心得与注意事项				

2. 实验数据处理

(1) 固体生物质燃料试样测定结果用日校正因子修正后得到空气干燥基碳含量（C_{ad}）、氮含量（N_{ad}）、硫含量（$S_{t,ad}$）以及实验测得样品中的氢含量（H）。其中碳、氮和硫测定结果可直接作为空气干燥基结果。

(2) 由于实验测得样品中的氢含量包含空气干燥基氢含量和空气干燥基水分中的氢含量，所以空气干燥基氢含量需从实验测得样品中的氢含量扣除空气干燥基水分中的氢含量，按式（5-2-1）计算，即

$$H_{ad} = H - 0.1119 M_{ad} \quad (5-2-1)$$

式中　H_{ad}——固体生物质燃料试样中空气干燥基氢含量，%；
　　　H——实验测得样品中氢含量，%；
　　　M_{ad}——固体生物质燃料试样中空气干燥基水分含量，%。

3. 精密度

固体生物质燃料元素分析测定结果的重复性限，见表 5-2-2。

表 5-2-2　　　　固体生物质燃料元素分析测定结果的重复性限

元素	重复性限/%	元素	重复性限/%
C_d	0.61	N_d	0.12
H_d	0.14		

4. 结果表述

实验结果取两次平行测定结果的算术平均值，测定值和报告值均修约到小数点后两位。

七、注意事项

(1) 为了测量的准确性，用锡舟包裹样品时应注意挤尽空气。

(2) 由于样品量较少，因此样品要尽量均匀，取样要有代表性。

（3）在分析过程中不得随意打开加热炉门，以免石英燃烧管突然遇冷，缩短寿命。

思 考 题

1. 在正式进行元素分析前，仪器检漏、空白样品和用标准物质做仪器条件化测试的目的分别是什么？

2. 用锡舟包裹样品时，如果没有挤尽空气，对测定结果会有什么影响？

3. 采用空气干燥固体生物质燃料试样测定的样品 H 含量，为什么不等于 H_{ad}？

4. 请根据空气干燥固体生物质燃料试样测得的元素含量，换算干燥基和干燥无灰基的元素含量。

实验 5-3　固体生物质燃料氮含量测定

固体生物质燃料氮含量测定

一、实验介绍

生物质中的氮主要以蛋白质和游离态氨基酸的形式存在，其含量与生物质种类、生长条件以及植物部位等有较大关系。一般来说，木材类生物质燃料的氮含量较低，仅为 0.1% 左右，而稻麦秸秆等禾本科生物质的氮含量较高，在 0.3%～1.5%。生物质热转化利用过程中，氮元素易转化为氮氧化物排放至大气，形成光化学烟雾及酸雨，对大气环境造成严重污染。本实验将介绍半微量开氏法测定固体生物质燃料中的氮含量，主要依据 GB/T 30728—2014《固体生物质燃料氮的测定方法》。

二、实验原理

称取一定量的空气干燥固体生物质燃料试样，加入混合催化剂和硫酸，加热分解，将氮转化为硫酸氢铵。采用过量的氢氧化钠溶液将硫酸氢铵转化为氨，加热将氨蒸出并用硼酸溶液吸收。用硫酸标准溶液滴定，根据硫酸的用量，计算试样中的氮含量。

三、实验目的及要求

(1) 了解固体生物质燃料氮含量的测定原理。
(2) 掌握固体生物质燃料氮含量的测定方法及操作。

四、仪器与试剂

1. 消化装置

消化装置主要包括以下部分：

(1) 加热体：具有良好的导热性能以保证温度均匀，使用时四周以绝热材料（如石棉绳等）缠绕。具体可采用铝加热体，如图 5-3-1 所示。
(2) 加热炉：带有控温装置，能恒温在 (350±10)℃。
(3) 开氏瓶：容量 50mL，4 个。
(4) 短颈玻璃漏斗：直径约 30mm，4 个。

2. 蒸馏装置

蒸馏装置示意图如图 5-3-2 所示，蒸馏装置主要包括以下部分：
(1) 开氏瓶：容量 250mL，4 个。
(2) 锥形瓶：容量 250mL，若干。
(3) 直形玻璃冷凝管：冷却部分长约 300mm，4 个。
(4) 开氏球：直径约 55mm，4 个。
(5) 圆底烧瓶：容量 1000mL，4 个。

(6) 电炉：额定功率1kW，功率可调。

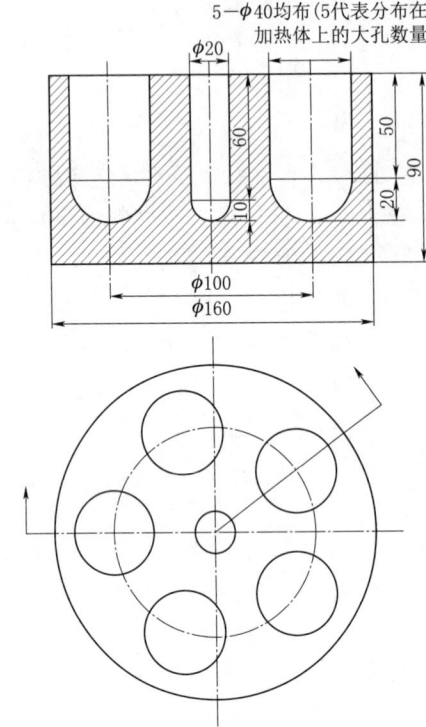

图 5-3-1　铝加热体示意图

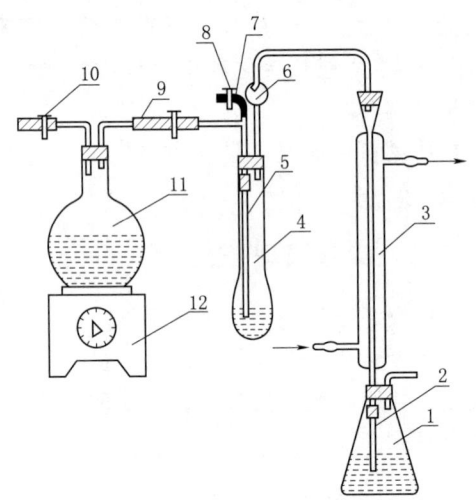

图 5-3-2　蒸馏装置示意图
1—锥形瓶；2、5—玻璃管；3—直形玻璃冷凝管；
4—开氏瓶；6—开氏球；7、9—橡皮管；
8、10—止水夹；11—圆底烧瓶；12—电炉

3. 分析天平

称量范围不小于100g，感量0.1mg。

4. 微量滴定管

A级，容积10mL，分度值0.05mL，1个。

5. 其他通用器材

(1) 容量瓶：100mL，1个；1000mL，3个。

(2) 吸量管：1mL，1支；5mL，1支。

(3) 烧杯：100mL，2个；400mL，1个。

(4) 棕色瓶：100mL，2个。

(5) 棕色滴瓶：30mL，2个。

(6) 塑料瓶：1000mL，1个。

(7) 量筒：25mL 和 50mL，各1个。

(8) 玻璃棒：若干。

(9) 吸耳球：1个。

(10) 洗瓶：2个。
(11) 瓷研钵：1个。
(12) 擦镜纸。

6. 试剂

除非另有说明，本实验所用试剂均为分析纯。

(1) 无水碳酸钠：基准试剂或碳酸钠纯度标准物质。

(2) 蔗糖。

(3) 混合催化剂：按质量比 64：10：1 将无水硫酸钠、硫酸汞和硒粉（化学纯）混合，研细且混匀后，存于广口瓶备用。

(4) 硫酸：50mL，质量分数为 98%。

(5) 乙醇：100mL，质量分数不小于 95%。

(6) 混合碱溶液：200mL，将氢氧化钠 370g 和硫化钠 30g 溶解于水中，配制成 1000mL 溶液。

(7) 硼酸溶液：80mL，30g/L。将 30g 硼酸溶入 1000mL 热水中，配制时加热溶解，冷却后滤去不溶物。

(8) 硫酸标准溶液：1000mL，浓度为 0.025mol/L。

硫酸标准溶液的配制：在烧杯中加入约 40mL 水，用移液管吸取 0.7mL 硫酸缓缓加入烧杯中，之后将溶液转移至 1000mL 容量瓶中，加水定容并摇匀。

硫酸标准溶液的标定：准确称取 0.02g 预先在 130℃下干燥至质量恒定的无水碳酸钠，置于 250mL 锥形瓶中，加入 50mL 水使其溶解，再加入 2～3 滴甲基橙指示剂。用配制好的硫酸标准溶液滴定上述碳酸钠溶液，使其颜色由黄色变为橙色。煮沸 2min，逸出二氧化碳，冷却后继续滴定至溶液呈橙色，按式（5-3-1）计算硫酸标准溶液的浓度。硫酸标准溶液浓度需 2 人标定，分别各做 4 次平行实验，若 8 次平行标定结果的极差不超过 0.00060mol/L，取 8 次结果的算术平均值作为硫酸标准溶液的浓度。平行标定结果保留 5 位有效数字，算术平均值取 4 位有效数字。若极差大于 0.00060mol/L，则需补做 2 次重复实验，取符合要求的 8 次结果的算术平均值；若任何 8 次结果的极差都超过，则舍弃全部结果，仔细查找原因并纠正后重新标定。

$$c = \frac{m}{MV} \qquad (5-3-1)$$

式中　c——硫酸标准溶液的浓度，mol/L；
　　　m——称取碳酸钠的质量，g；
　　　V——硫酸标准溶液用量，mL；
　　　M——碳酸钠（$1/2Na_2CO_3$）的摩尔质量用量，以 0.053 计，g/mmol。

(9) 甲基橙指示剂：100mL，1g/L。0.1g 甲基橙溶于 100mL 水中。

(10) 甲基红和亚甲基蓝混合指示剂：100mL，称取 0.175g 甲基红和 0.083g 亚甲基蓝，研细，分别溶入 50mL 乙醇中，摇匀后分别存于棕色瓶中，即得甲基红溶液和亚甲基蓝溶液，使用时将两种溶液按体积比 1：1 混合。

7. 实验用水

蒸馏水或去离子水。

五、实验方法与步骤

(1) 在擦镜纸上称取 (0.2±0.01)g (称准至 0.0002g) 空气干燥固体生物质燃料试样。用擦镜纸将试样包裹好后放入 50mL 开氏瓶中,然后加入混合催化剂 2g 和硫酸 5mL,轻轻摇动开氏瓶使试样与试剂混合均匀。

(2) 将开氏瓶轻轻放入铝加热体的大孔中,并在瓶口插入一短颈玻璃漏斗,然后将热电偶插入铝加热体的中心小孔中。开启放置铝加热体的圆盘电炉,在不少于 60min 的时间内,将温度缓慢升至约 350℃,使加热过程中开氏瓶内试液不喷溅,保持在此温度下直到试液清澈透明为止。

(3) 从铝加热体中取出开氏瓶,待试液冷却后用少量热水稀释,并转入 250mL 开氏瓶中,再用少量热水多次洗涤原开氏瓶,洗液并入 250mL 开氏瓶中,使试液体积约为 100mL;然后将盛有试液的开氏瓶放在蒸馏装置上。

(4) 取 250mL 锥形瓶、玻璃管、直形玻璃冷凝管,将冷凝管上端与开氏球连接,下端用橡胶管与玻璃管连接,插入锥形瓶中时,使玻璃管下端距瓶底约 2mm 即可。往锥形瓶中加入 20mL 硼酸溶液和 2~3 滴混合指示剂。

(5) 将 25mL 混合碱溶液加入开氏瓶中,用电炉加热圆底烧瓶中的水至沸腾,然后通入蒸汽进行蒸馏。蒸馏至锥形瓶中馏出液约 80mL 为止,此时硼酸溶液由紫色变成绿色。

(6) 取下开氏瓶,停止通入蒸汽,再取下锥形瓶,用水冲洗插入硼酸溶液中的玻璃管,洗液转移到锥形瓶中,最后总体积应控制在约 110mL。

(7) 用硫酸标准溶液滴定吸收溶液,开始时可以快速滴定,当溶液呈现钢灰色时要减缓滴定速度,当溶液变为紫粉色时,停止滴定,记录硫酸标准溶液的用量。

(8) 试样分析前,须用蒸汽冲洗空蒸,待馏出物体积达 100~200mL 后再放入试样进行蒸馏。应在空蒸前更换蒸馏瓶中的水,否则应添加刚煮沸过的水。

(9) 空白实验。当更换水、试剂或仪器设备后,应进行 2 个空白实验。试样用 0.2g 蔗糖代替,按照步骤 (1)~(8) 进行实验。硫酸标准溶液滴定体积极差须小于 0.05mL,取算术平均值作为空白值。

六、实验结果与数据处理

1. 实验记录

实验数据按表 5-3-1 格式记录。

2. 实验数据处理

固体生物质燃料中氮的质量分数按式 (5-3-2) 计算,即

$$N_{ad} = \frac{c \times (V_1 - V_0) \times M_N}{m} \times 100 \quad (5-3-2)$$

式中 N_{ad}——空气干燥基氮的质量分数，%；
　　c——硫酸标准溶液的浓度，mol/L；
　　m——称取的空气干燥试样的质量，g；
　　V_1——试样实验时硫酸标准溶液用量，mL；
　　V_0——空白实验时硫酸标准溶液用量，mL；
　　M_N——氮的摩尔质量，以 0.014 计，g/mmoL。

表 5-3-1　　　　　　　固体生物质燃料氮含量测定原始记录表

样品名称				样品外观	
实验项目		固体生物质燃料含量			
检测设备及状态					
仪器主要工作参数					
序号	试样质量 m/g	试样实验时硫酸标准溶液用量 V_1/mL	空白实验时硫酸标准溶液用量 V_0/mL	实际滴入量 (V_1-V_0)/mL	空气干燥基氮的质量分数 N_{ad}/%
实验心得与注意事项					

3. 精密度

固体生物质燃料中氮测定的重复性限（以 N_{ad} 表示）为 0.08%。

4. 结果表述

实验结果取两次平行测定结果的算术平均值，测定值和报告值均修约到小数点后两位。

七、注意事项

（1）从铝加热体中取出消化分解后的样品时一定要注意安全，需戴较厚的耐高温手套，防止烫伤。

（2）待安装好蒸馏装置且冷凝管下端浸没于硼酸接收液后，方可将混合碱溶液加入开氏瓶中，过早加入混合碱会使测定结果偏低。

（3）酸和碱有腐蚀性，做好安全防护。

思 考 题

1. 简述半微量开氏法测定固体生物质燃料氮含量的原理，并分析其中涉及的化学反应。

2. 试样进行蒸馏处理之前，为什么须用蒸汽冲洗空蒸？

3. 如果消化温度过高，对测定结果有什么影响？

固体生物质燃料全硫含量测定

实验 5-4　固体生物质燃料全硫含量测定

一、实验介绍

生物质中的硫可分为无机硫和有机硫,其中无机硫主要以硫酸盐的形式存在,而有机硫主要以蛋白质、含硫蛋氨酸及硫脂质的形式存在。生物质燃料的含硫量受植物生长环境的影响较大,不同种类生物质的硫含量存在较大差异。在燃烧过程中,生物质中的硫会转化成 SO_2 和 SO_3,不仅会污染环境,危害人体健康,而且还会腐蚀燃烧设备和烟气管道,影响装置的安全性,缩短其使用寿命。本实验将介绍利用艾士卡(Eschkal)法测定固体生物质燃料全硫含量,主要依据是 GB/T 28732—2012《固体生物质燃料全硫测定方法》。

二、测定原理

首先称取一定量的空气干燥固体生物质燃料试样与艾士卡试剂(简称艾氏剂)混合,通过灼烧可将硫全部转化为可溶性硫酸盐,然后加入氯化钡溶液将可溶性硫酸盐转化为硫酸钡沉淀,最后通过计算硫酸钡的质量获得试样中全硫的含量。

三、实验目的及要求

(1) 了解固体生物质燃料全硫含量的测定原理。
(2) 掌握固体生物质燃料全硫含量的测定方法及操作。

四、仪器和试剂

1. 仪器

(1) 马弗炉:带温度控制装置,能升温到 900℃,温度可调并可通风。
(2) 分析天平:称量范围不小于 30g,感量 0.1mg。
(3) 电炉:额定电压 220V,额定功率 1kW,带调温装置,炉温最高可达 300℃。
(4) 干燥器:内装有变色硅胶或粒状无水氯化钙。
(5) 瓷坩埚:30mL,4 个;10~20mL,4 个。
(6) 滤纸:中速定性滤纸和致密无灰定量滤纸。
(7) 耐热瓷板或石棉板:1 个。

2. 其他通用器材

(1) 容量瓶:100mL,4 个。
(2) 吸量管:2mL,1 支;10mL,1 支。
(3) 烧杯:150mL,1 个;400mL,若干。
(4) 棕色瓶:100mL,2 个。
(5) 棕色滴瓶:30mL,1 个。

(6) 铁架台：2个。

(7) 长颈漏斗：2个。

(8) 玻璃棒：若干。

(9) 洗瓶：1个。

(10) 吸耳球：1个。

(11) 玛瑙研钵：70mm，1个。

3. 试剂

(1) 艾士卡试剂：10g，将轻质氧化镁（化学纯）和无水碳酸钠（化学纯）按质量比 2:1 混合均匀，研细至粒度小于 0.2mm，置于密闭容器中保存。

(2) 盐酸溶液：50mL，(1+1)（V_1+V_2），将 1 体积盐酸加入 1 体积水中。

(3) 氯化钡溶液：100mL，100g/L，称取 10g 氯化钡溶于 100mL 水中。

(4) 甲基橙溶液：100mL，2g/L，称取 0.2g 甲基橙溶于 100mL 水中。

(5) 硝酸银溶液：100mL，10g/L，称取 1g 硝酸银溶于 100mL 水中，加入几滴硝酸贮于棕色瓶中。

4. 实验用水

实验用水包括蒸馏水或去离子水。

五、实验方法与步骤

(1) 取容量为 30mL 和 10～20mL 两种瓷坩埚清洗干净，干燥待用。

(2) 将 30mL 瓷坩埚置于天平上，去皮后称取 (1.00±0.01)g（称准至 0.0002g）空气干燥固体生物质燃料试样，接着称取 (2±0.1)g 艾氏剂放在瓷坩埚中，与试样小心混匀，轻轻铺平，然后用 (1±0.1)g 艾氏剂覆盖在上面。

(3) 将装有试样的坩埚放入马弗炉恒温区中，关上炉门并留有一定缝隙，确保通风良好，打开马弗炉的排烟管，以便排出试样燃烧产生的烟气。

(4) 开启马弗炉，按照以下升温程序灼烧：先在 1～2h 内将温度从室温加热至 800～850℃，然后恒温 1～2h。

(5) 灼烧完成后取出坩埚并冷却至室温，用玻璃棒将灼烧物轻轻地搅松、捣碎，如果出现黑色颗粒，应继续灼烧 30min，直至灼烧完全，然后将灼烧物转入 400mL 烧杯中。用热水将坩埚内壁残留的灼烧物冲洗到烧杯中，再向烧杯中加入 100～150mL 刚煮沸的水，充分搅拌。若发现液面上有黑色颗粒，则本次测定作废重做。

(6) 采用中速定性滤纸以倾泻法对上述试液进行过滤，并用热水冲洗 3 次，以使所有残渣转移到滤纸中，再用热水仔细冲洗 10 次以上，控制洗液总体积为 250～300mL。

(7) 向上述滤液中滴加 2～3 滴甲基橙指示剂，然后缓慢滴加盐酸溶液以中和滤液使其颜色变为淡红色，再继续加入 2mL 盐酸溶液使滤液呈微酸性。用电炉将滤液加热至沸腾，边搅拌边向滤液中缓慢滴加 10mL 氯化钡溶液，在微沸状态下保持约 2h，最终使溶液体积约为 200mL。

(8) 溶液冷却后，用致密无灰定量滤纸过滤，并用少量热水多次冲洗，直至洗液无氯离子为止。判断无氯离子的方法：取少量洗液，滴入硝酸银溶液，若无白色沉淀，即洗液无氯离子。

(9) 将容量为10～20mL的坩埚置于天平上称量，记录其质量；将带有沉淀的潮湿滤纸置于坩埚中，并将滤纸微微折叠包裹，以防止沉淀溅射，但同时也必须保证空气的流通。

(10) 先将滤纸置于马弗炉中低温灰化，然后升温至800～850℃灼烧20～40min，随后从炉中取出坩埚，稍冷后趁热移入干燥器中，冷却至室温，称重并记录。

(11) 当艾氏剂及其他任意一种试剂发生更换时，均应按照步骤（1）～（10）进行2个空白实验。硫酸钡质量的极差须小于0.0010g，以算术平均值作为空白值。

六、实验结果与数据处理

1. 实验记录

实验数据按表5-4-1格式记录。

表5-4-1　　　　　　固体生物质燃料全硫含量测定原始记录表

样品名称				样品外观		
实验项目	全硫含量					
检测设备及状态						
仪器主要工作参数						
序号	试样质量 m/g	艾氏剂质量/g	10～20mL坩埚质量/g	灼烧后10～20mL坩埚和残留物总质量/g	残留物总质量 m_1/g	全硫含量 $S_{t,ad}$/%	平均值 $S_{t,ad}$/%
实验心得与注意事项						

2. 实验数据处理

固体生物质燃料全硫含量按式（5-4-1）计算，即

$$S_{t,ad} = \frac{(m_1 - m_2) \times 0.1374}{m} \times 100 \qquad (5-4-1)$$

式中　$S_{t,ad}$——固体生物质燃料试样中全硫含量（质量分数），%；

m_1——硫酸钡质量，g；

m_2——空白实验的硫酸钡质量，g；

0.1374——由硫酸钡换算为硫的系数；

m——固体生物质燃料试样质量，g。

3. 精密度

固体生物质燃料中全硫测定的重复性限（以 $S_{t,ad}$ 表示）为 0.05%（当 $S_{t,ad} \leqslant$ 1.00%时）。

4. 结果表述

实验结果取两次平行测定结果的算术平均值，测定值和报告值均表示至小数点后两位。

七、注意事项

(1) 艾氏剂中的无水碳酸钠和氧化镁一定要混合均匀，避免测定结果出现偏差。

(2) 固体生物质燃料试样与艾氏剂灼烧时间要足够长，以避免灼烧不完全。

(3) 用中速定性滤纸过滤后，转移时要用热水少量多次清洗，并合并洗液，确保含硫物质全部转移。

(4) 当在微沸状态下保持时间较长时，应遮盖烧杯口，避免杂质进入烧杯中。

(5) 灰化和灼烧潮湿滤纸过程中，为避免出现明火，可以对瓷坩埚口进行半遮挡。

思 考 题

1. 简述艾士卡法测定原理，并列出其中涉及的化学反应。
2. 艾氏剂中轻质氧化镁与无水碳酸钠分别起到什么作用？
3. 试分析在热溶液中进行沉淀的原因。
4. 如何判断试样是否灼烧完全？

固体生物质燃料灰成分测定

实验 5-5 固体生物质燃料灰成分测定

一、实验介绍

固体生物质燃料的灰成分会直接影响灰熔融性等燃料特性，同时也直接决定了灰渣的后续利用方式。固体生物质燃料的灰中含有 K、Na、Fe、Ca、Mg 等多种金属元素，可采用氢氟酸（HF）-高氯酸（HClO$_4$）对灰样进行消解，然后用原子吸收光谱法进行测定。原子吸收光谱法是基于待测元素的基态原子蒸汽对特定谱线的吸收作用来进行定量分析的一种方法。本实验将介绍利用原子吸收光谱仪测定固体生物质燃料灰中钾、钠、铁、钙、镁 5 种金属元素含量的方法，主要依据是 GB/T 30725—2014《固体生物质燃料灰成分测定方法》。

二、实验原理

称取一定量的空气干燥固体生物质燃料试样，将其灰化，灰样依次经氢氟酸、高氯酸分解后，在盐酸介质中加入释放剂或掩蔽剂，形成样品溶液。利用原子吸收光谱仪进行测定时，样品溶液首先通过雾化器雾化，经雾化室去除较大的雾滴后，剩余细小而均匀的雾滴进入燃烧器的火焰中，在空气—乙炔火焰的加热作用下，待测元素经过一系列复杂的变化形成基态原子，基态原子能选择性地吸收从空心阴极灯射出的某一特征波长的光，光线因吸收而减弱，待测元素的基态原子浓度与光线减弱程度（吸光度）成正比，进而通过测定吸光度变化获得被测元素的含量。

三、实验目的及要求

（1）掌握固体生物质燃料灰成分中 K、Na、Fe、Ca、Mg 元素的测定方法及操作。

（2）了解原子吸收光谱仪的原理及使用。

四、仪器与试剂

1. 原子吸收光谱仪

典型的原子吸收光谱仪如图 5-5-1 所示，主要包括以下部分：

（1）光源：能够产生含有被分析元素特征波长的光线，本实验使用空心阴极灯。

（2）火焰原子化装置：用空气—乙炔火焰加热，将样品溶液中被测元素转变成原子蒸汽。火焰原子化装置包括雾化器、雾化室和燃烧器 3 个部分。

（3）分光系统：被测元素的空心阴极

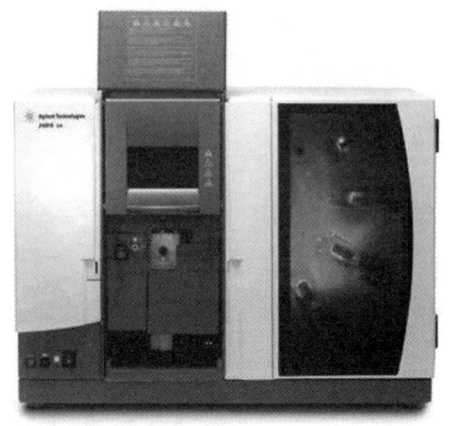

图 5-5-1 原子吸收光谱仪

灯产生的光线经原子蒸汽吸收后进入单色器，单色器将被测元素的特征波长从其他非特征波长中分离出来。

（4）检测系统：将所测量的光信号转化成可测量的电信号，并由电脑记录和分析。

2．辅助设备

（1）马弗炉：炉膛具有足够的恒温区，能以 5℃/min 的速率升温并保持在（550±10）℃；炉内通风速度可使灰化过程中不会缺氧。

（2）电热板：带有控温装置，表面最高温度不低于 300℃。

（3）分析天平：称量范围不小于 30g，感量 0.1mg。

（4）电炉：额定电压 220V，额定功率 1kW，炉温最高可达 300℃。

（5）聚四氟乙烯坩埚：30mL，若干。

3．其他通用器材

（1）容量瓶：500mL，2个；250mL，1个；100mL，若干。

（2）吸量管：10mL，3支。

（3）单标线大肚移液管：5mL，3支；10mL，1支；20mL，1支；50mL，1支。

（4）移液枪和吸头：量程为 100～1000μL 移液枪，1支；量程为 500～5000μL 移液枪，1支；1000μL 和 5000μL 吸头，若干。

（5）烧杯：400mL，若干。

（6）玻璃棒：若干。

（7）吸耳球：2个。

（8）洗瓶：2个。

（9）玛瑙研钵：70mm，1个。

4．试剂

（1）氢氟酸：100mL，分析纯，质量分数不小于 40%。

（2）高氯酸：20mL，分析纯，质量分数 70%～72% 以上。

（3）盐酸：250mL，分析纯，质量分数 36%～38%。

（4）盐酸溶液：200mL，（1+1）（V_1+V_2），将 1 体积盐酸加入 1 体积水中。

（5）盐酸溶液：200mL，（1+3）（V_1+V_2），将 1 体积盐酸加入 3 体积水中。

（6）镧溶液：250mL，称取高纯三氧化二镧（99.99%）14.7g 于 200mL 烧杯中，加 25mL 去离子水，缓慢加入（1+1）（V_1+V_2）盐酸溶液 50mL，加热溶解，待冷却后转入 250mL 容量瓶中，加水定容后摇匀，转入棕色瓶储存。

（7）硝酸铯溶液：250mL，称取高纯硝酸铯（99.99%）7.5g 于 400mL 烧杯中，加水溶解，溶解完全后，移入 500mL 容量瓶中，定容至刻度，摇匀，转入棕色瓶贮存。

（8）钾、钠、铁、钙、镁各元素标准储备溶液：各 50mL，浓度为 1000mg/L（可直接购买）。

（9）钾、钠混合标准工作溶液：各 100mL，准确移取一定体积（参考表 5-5-

1）的钾、钠单元素标准储备溶液于100mL容量瓶中，加入（1+1）（V_1+V_2）盐酸溶液10mL，用去离子水稀释至刻度，摇匀，转入塑料瓶中贮存。

（10）铁、钙、镁混合标准工作溶液：各100mL，准确移取一定体积的铁、钙、镁单元素标准储备溶液于100mL容量瓶中（表5-5-1），加入（1+1）（V_1+V_2）盐酸溶液10mL，用去离子水稀释至刻度，摇匀，转入塑料瓶中贮存。

表5-5-1　　钾、钠、铁、钙、镁单元素混合标准工作溶液制备

混合标准工作溶液	单元素	每100mL标准工作溶液中移取1000mg/L单元素标准储备溶液体积/mL	标准工作溶液浓度/(mg/L)
A	K	5	50
A	Na	5	50
B	Fe	10	100
B	Ca	20	200
B	Mg	5	50

注：钾、钠混合标准工作溶液用A表示，铁、钙、镁混合标准工作溶液用B表示。

（11）混合标准系列溶液：各100mL，用于做仪器的标准曲线。准确移取一定体积的混合标准工作溶液A于100mL容量瓶中，加（1+3）（V_1+V_2）盐酸溶液2mL、1.5%硝酸铯溶液4mL，用水稀释至标线，即得到标准系列溶液A_i（$i=0$、1、2、3、4、5）；准确移取一定体积的混合标准工作溶液B于100mL容量瓶中，加入2mL（1+3）（V_1+V_2）盐酸溶液和4mL镧溶液，用水稀释至标线，摇匀即得到混合标准系列溶液B_i（$i=0$、1、2、3、4、5）。量取的混合标准工作溶液体积与对应的混合标准系列溶液浓度列于表5-5-2中。

表5-5-2　　钾、钠、铁、钙、镁单元素混合标准系列溶液制备

混合标准系列溶液		A_0	A_1	A_2	A_3	A_4	A_5
量取A的体积/mL		0	1	2	3	4	5
混合标准系列溶液中金属元素的浓度/(mg/L)	K	0.0	0.5	1.0	1.5	2.0	2.5
混合标准系列溶液中金属元素的浓度/(mg/L)	Na	0.0	0.5	1.0	1.5	2.0	2.5
混合标准系列溶液		B_0	B_1	B_2	B_3	B_4	B_5
量取B的体积/mL		0	1	2	3	4	5
混合标准系列溶液中金属元素的浓度/(mg/L)	Fe	0.0	1.0	2.0	3.0	4.0	5.0
混合标准系列溶液中金属元素的浓度/(mg/L)	Ca	0.0	2.0	4.0	6.0	8.0	10.0
混合标准系列溶液中金属元素的浓度/(mg/L)	Mg	0.0	0.5	1.0	1.5	2.0	2.5

5．实验用水

一般使用蒸馏水或去离子水，最好使用重蒸馏水或超纯水。

五、实验方法与步骤

1．制备灰样

取一定量的固体生物质燃料试样置于马弗炉中，在550℃下完全灰化后用玛瑙

研钵研细至 0.1mm 以下。

2. 消解样品。

(1) 称取灰样（0.05±0.005)g（称准至 0.0002g）于聚四氟乙烯坩埚中，勿使样品黏附在管壁上，加 0.5mL 去离子水润湿后，转移至通风橱中，加 2mL 高氯酸、10mL 氢氟酸。

(2) 将聚四氟乙烯坩埚放在多孔电热板上缓慢加热（≤250℃），蒸至近干，继续加热至基本无白烟、溶液干涸但不焦黑为止。

(3) 取下聚四氟乙烯坩埚稍冷，加（1+1）(V_1+V_2）盐酸溶液 10mL、去离子水 10mL，再放在电热板上加热至近沸，并保温 2min。

(4) 取下聚四氟乙烯坩埚，用电炉将去离子水加热，并用热水将聚四氟乙烯坩埚中的试样溶液转移至 100mL 容量瓶中，冷却后定容并摇匀，作为样品溶液。

3. 空白溶液制备

在消解样品的同时制备 2 个空白溶液，除不加样品外，其余操作同待测样品溶液。

4. 铁、钙、镁待测样品溶液制备

准确吸取空白溶液和样品溶液各 2mL 分别加入 100mL 容量瓶 1、2 中（用于测钙、镁），另外准确吸取样品溶液和空白溶液各 10mL 分别加入 100mL 容量瓶 3、4 中（用于测铁），然后分别向容量瓶 1、2、3、4 中各加入镧溶液 4mL 和（1+3）(V_1+V_2）盐酸溶液 2mL，最后加水稀释至刻度，摇匀。

5. 钾、钠待测样品溶液制备

准确吸取空白溶液和样品溶液各 1mL 分别加入 100mL 容量瓶 5、6 中（用于测钾），另外准确吸取空白溶液和样品溶液各 10mL 分别加入 100mL 容量瓶 7、8 中（用于测钠），然后分别向容量瓶 5、6、7、8 中各加入硝酸铯溶液 4mL 和（1+3）(V_1+V_2）盐酸溶液 2mL，最后加水稀释至刻度，摇匀。

6. 仪器准备工作

(1) 开启仪器电源和计算机，启动操作软件。

(2) 开启空气压缩机，出口压力调节至 0.35MPa 左右。打开乙炔气瓶阀，出口压力调节至 0.075MPa；开启通风系统。

(3) 将待测元素的空心阴极灯安装到仪器上，点亮并预热 15～20min。

(4) 将吸液毛细管放入去离子水中，吸取去离子水 5～10mL 清洗进样系统。

(5) 建立工作表，编辑分析方法，选择火焰类型为空气—乙炔。

(6) 确定仪器工作条件：各元素的分析线可按照表 5-5-3 规定设置，此外，将空心阴极灯电流、空心阴极灯信号、燃烧器高度及转角、乙炔和空气的流量等调至最佳值。

表 5-5-3   推荐的钾、钠、铁、钙、镁分析线

元素	K	Na	Fe	Ca	Mg
分析线/nm	766.5	589.0	248.3	422.7	285.2

7. 绘制工作曲线

依照操作软件提示，依次吸取标准系列溶液，溶液浓度吸取顺序从低到高，在

软件中绘出工作曲线。工作曲线以标准系列溶液中测定成分的浓度为横坐标，相应的吸光度为纵坐标。如果工作曲线相关系数 $r \geqslant 0.995$，证明线性良好。

8. 测试样品溶液浓度

依照操作软件提示，依次吸取样品溶液，操作软件界面则显示出样品浓度。

9. 实验结束

（1）分析完成后，保存并打印实验结果。

（2）关闭乙炔气瓶阀、空气压缩机。关闭空心阴极灯，退出操作软件，关闭仪器、计算机和通风系统。

六、实验结果与数据处理

1. 实验记录

实验数据按表 5-5-4 格式记录。

表 5-5-4　　　　固体生物质燃料灰成分测定原始记录表

样品名称						样品外观		
实验项目			钾□、钠□、铁□、钙□、镁□含量					
检测设备及状态								
仪器主要工作参数								
坩埚号	取样量 m/g	定容体积 V/mL	稀释倍数 DF	空白溶液质量浓度 c_0/(mg/L)	试样溶液质量浓度 c/(mg/L)	含量 w/%	平均含量 w/%
实验心得与注意事项								

2. 实验数据处理

（1）仪器给出的质量浓度以单质形式 R 表示，按式（5-5-1）和式（5-5-2）计算，即

$$w(R) = \frac{(c - c_0) \times V \times DF}{1000 m} \times 100 \tag{5-5-1}$$

$$w(R_m O_n) = \frac{w(R)}{M_R} \tag{5-5-2}$$

式中　$w(R)$——单质元素质量浓度，%；

$w(R_m O_n)$——元素氧化物形式的质量浓度，%；

M_R——单质 R 与氧化物 $R_m O_n$ 的换算系数；

c——所测样品中待测元素的质量浓度，mg/L；

c_0——空白样品溶液中待测元素的质量浓度，mg/L；

V——经消解后液体样品溶液的定容体积，L；

DF——定容后的样品溶液再次稀释的倍数；

m——样品质量，g。

（2）元素单质 R 与氧化物 R_mO_n 的换算系数 M_R 值见表 5-5-5。

表 5-5-5　　钾、钠、铁、钙、镁元素单质 R 与氧化物 R_mO_n 的换算系数 M_R 值

元素	K_2O	Na_2O	Fe_2O_3	CaO	MgO
M_R	0.83	0.74	0.70	0.71	0.60

3．精密度

生物质样品钾、钠、铁、钙、镁测定结果的重复性限见表 5-5-6。

表 5-5-6　　　　钾、钠、铁、钙、镁测定结果的重复性限

成分	质量分数/%	重复性限/%
K_2O	$K_2O \leqslant 1.00$	0.10
	$1.00 < K_2O \leqslant 10.00$	0.25
	$K_2O > 10.00$	0.80
Na_2O	$Na_2O \leqslant 1.00$	0.10
	$Na_2O > 1.00$	0.20
Fe_2O_3	$Fe_2O_3 \leqslant 5.00$	0.20
	$5.00 < Fe_2O_3 \leqslant 10.00$	0.40
CaO	$CaO \leqslant 5.00$	0.20
	$5.00 < CaO \leqslant 10.00$	0.40
	$CaO > 10.00$	1.00
MgO	$MgO \leqslant 2.00$	0.10
	$MgO > 2.00$	0.20

4．结果表述

实验结果取两次平行测定结果的算术平均值，测定值和报告值均修约至小数点后两位。

七、注意事项

（1）消解过程需在通风橱中进行，实验过程中必须做好安全防护。

（2）实验完成后，应分别用稀酸和去离子水冲洗雾化器，以防止样品溶液中的无机盐类结晶堵塞雾化器。

（3）当乙炔气瓶压力下降到 0.5MPa，必须立即换气，以免对仪器造成严重影响。

（4）实验过程中用到的消解管、容量瓶等器皿应在稀酸桶中浸泡 24h 以上，然后用去离子水清洗干净后方可使用，以避免容器污染引起空白值偏高。

思　考　题

1．简述火焰原子吸收光谱法的基本原理。

2. 简述固体生物质燃料灰样的消解原理。

3. 火焰原子化装置的主要作用是什么？

4. 试分析影响准确测量灰分中金属元素含量的因素有哪些？如何提高测量结果的准确度？

实验 5-6　固体生物质燃料全钾含量测定

一、实验介绍

生物质中的钾大部分是以活性强的小离子官能团形式存在，还有一部分存在于矿物中或与有机官能团结合。相较于煤、石油等化石能源，生物质尤其是秸秆类生物质中含有相对丰富的钾元素。在生物质热转化利用过程中，钾元素容易析出并会导致设备积灰、结渣和腐蚀等问题。本实验将介绍利用硫酸（H_2SO_4）—双氧水（H_2O_2）消煮法与火焰光度法结合测定固体生物质燃料全钾含量的方法，主要依据是 NY/T 2420—2013《植株全钾含量测定 火焰光度计法》。

二、实验原理

称取一定量的空气干燥固体生物质燃料试样，经 $H_2SO_4-H_2O_2$ 消煮形成样品溶液后，用火焰光度计进行测定。以火焰作为激发光源，使样品溶液中被测元素的原子激发，产生一定波长的特征辐射，由光电检测系统测得特征辐射强度，根据钾元素浓度与其特征辐射强度成正比关系，求得钾元素的含量。

三、实验目的及要求

(1) 掌握固体生物质燃料全钾的测定方法及操作。
(2) 掌握固体生物质燃料全钾的测定原理。

四、仪器与试剂

1. 火焰光度计

典型的火焰光度计如图 5-6-1 所示，火焰光度计主要包括以下部分：

(1) 光源：由供气系统、喷雾器和燃烧器组成。提供火焰光源，使试样溶液中待测元素原子化并被激发发射谱线。火焰以空气作助燃气，液化石油气为燃料，形成空气-液化石油气火焰。

(2) 光学系统：包括滤光片、光栅等，使用干涉滤光片，将特征谱线与干扰谱线分开，仅使特征谱线到达检测系统。

(3) 检测系统：包括光电池和检流计。使用硅光电池将光信号转变为电信号，电信号由检流计直接测量，得到分析测量值。

图 5-6-1　火焰光度计

2. 辅助设备

(1) 消煮炉：带有控温装置，能够加热恒温在（250±10）℃和（380±10）℃。

(2) 分析天平：称量范围不低于30g，感量0.1mg。

(3) 消煮管：4支。

3. 其他通用器材

(1) 容量瓶：1000mL，2个；50mL和100mL，若干。

(2) 吸量管：10mL，5支。

(3) 移液枪和吸头：量程为100~1000μL移液枪，1支；量程为500~5000μL移液枪，1支；1000μL和5000μL吸头，若干。

(4) 烧杯：400mL，2个。

(5) 玻璃棒：2支。

(6) 吸耳球：2个。

(7) 洗瓶：2个。

4. 试剂

(1) 硫酸：50mL，分析纯，质量分数为98%。

(2) 过氧化氢：50mL，优级纯，质量分数不小于30%。

(3) 钾标准储备液：20mL，浓度1000mg/L，准确称取1.9067g经110℃干燥2h的优级纯氯化钾，用水溶解后，转入1000mL容量瓶，定容。

(4) 钾标准溶液：100mL，浓度100mg/L，吸取10mL钾标准储备液，定容至100mL。

5. 实验用水

一般使用蒸馏水或去离子水，最好使用重蒸馏水或超纯水。

五、实验方法与步骤

1. 试液制备

(1) 称取固体生物质燃料试样0.25~0.5g（称准至0.0002g）于消煮管中，勿使样品黏附在管壁上。

(2) 将样品加水浸润10min后转移至通风橱中，加入8mL硫酸，轻轻摇动消煮管使试样与试剂混合均匀，在管口放置一弯颈小漏斗，静置2h以上。

(3) 将消煮管放在消煮炉内，缓慢加热至250℃并保持约10min。当消煮管冒出大量白烟后，将炉温升至380℃继续加热，直至消煮管内溶液呈均匀的棕褐色，取下消煮管。稍冷后逐滴加入约2mL过氧化氢，轻轻摇匀，然后继续加热至微沸并保持约10min，取下消煮管稍冷，再加入过氧化氢继续消煮。如此重复多次，过氧化氢加入量应逐次减少，直至消煮管内溶液呈清亮，再继续加热不少于30min，以赶尽剩余的过氧化氢。

(4) 取下消煮管，冷却至室温后，用少量热水冲洗漏斗，洗液合并到消煮管。将消煮管内溶液转入100mL容量瓶，冷却后定容并摇匀，过滤后备测。

2. 待测样品溶液制备

吸取步骤1中所得试样溶液10~20mL放入50mL容量瓶中，定容。

3. 空白实验

在消煮样品的同时制备 2 个空白溶液,除不加试样外,其余操作同待测样品溶液。

4. 标准系列溶液制备

用移液管或移液枪量取钾标准溶液 0mL、1mL、2.5mL、5mL、10mL 和 15mL,分别转移至 50mL 容量瓶中,定容,即得钾含量分别为 0mg/L、2mg/L、5mg/L、10mg/L、20mg/L、30mg/L 的标准溶液。

5. 火焰光度计测试

(1) 打开空气压缩机,打开仪器面板上的电源开关。

(2) 点燃火焰,调整火焰颜色、高度及形状至最佳值。

(3) 用毛细管吸取去离子水约 5mL 清洗进样系统。

(4) 用水或低浓度标准溶液调零,然后用最高浓度的标准溶液进样,将读数调节至相应的最大值,重复读数三次。

(5) 按照浓度从低到高的顺序依次吸取标准系列溶液,每个溶液重复读数三次。

(6) 吸取水样,重复读数三次。

(7) 依次吸取样品溶液,记录显示器读数,每个溶液重复读数三次。

(8) 分析完成后,依次关闭空气压缩机、燃气阀、火焰光度计电源和通风系统。

六、实验结果与数据处理

1. 实验记录

实验数据按表 5-6-1 格式记录。

表 5-6-1　　固体生物质燃料全钾含量测定原始记录表

样品名称				样品外观	
实验项目		全钾含量			
检测设备及状态					
仪器主要工作参数					
序号	试样质量 m/g	经消煮后样品溶液的定容体积 V/mL	空白溶液中钾的浓度 c_0 /(mg/L)	试液中钾的浓度 c /(mg/L)	分取倍数 D	空气干燥基全钾质量分数 $w/\%$
实验心得与注意事项						

2. 绘制工作曲线

工作曲线以测定的标准系列溶液中钾元素浓度为横坐标,相应的特征辐射强度为纵坐标。根据工作曲线及样品溶液特征辐射强度读数,计算出空白溶液和样品溶液中全钾浓度。

3. 实验数据处理

固体生物质燃料试样中全钾含量按式（5-6-1）计算,即

$$w = \frac{(c-c_0) \times V \times D}{1000 \times m} \times 100 \quad (5-6-1)$$

式中　w——空气干燥基全钾质量分数,%;

　　　c——从标准曲线计算出的试液中钾的浓度,mg/L;

　　　c_0——从标准曲线计算出的空白溶液中钾的浓度,mg/L;

　　　V——经消煮后样品溶液的定容体积,mL;

　　　D——分取倍数,定容体积与分取体积之比;

　　　m——固体生物质燃料试样质量,g。

4. 精密度

平行测定结果允许相对相差不大于10%。

5. 结果表述

实验结果取两次平行测定结果的算术平均值,测定值和报告值均修约到小数点后两位。

七、注意事项

（1）做好安全措施,实验全程注意通风,并佩戴防护面罩和耐酸碱橡胶手套。

（2）操作过程中,燃烧室与烟囱罩的温度很高,不能接近或触碰以免烫伤,并且禁止从装置上方观察,防止灼伤眼睛。

思 考 题

1. 简述固体生物质燃料全钾的测定原理。

2. 简述 $H_2SO_4 - H_2O_2$ 消煮过程。

3. 在试样消煮过程中,加入过氧化氢的目的是什么?为什么要重复多次加入?

4. 该检测方法中,固体生物质燃料试样直接经 $H_2SO_4 - H_2O_2$ 消煮后形成样品溶液,而在实验5-5固体生物质燃料灰成分测定中,固体生物质燃料试样先灰化制得灰样后再做测试,两种分析方法有何差别?

实验 5-7　固体生物质燃料傅里叶红外分析

固体生物质
燃料傅里叶
红外分析

一、实验介绍

固体生物质燃料组分复杂，主要包括纤维素、半纤维素和木质素等。对于不同固体生物质燃料，其半纤维素和木质素的组成差别较大。针叶木（软木）的半纤维素主要由聚 o-乙酰基半乳糖葡萄糖甘露糖和聚阿拉伯糖 4-o-甲基葡萄糖醛酸木糖构成，阔叶木（硬木）的半纤维素主要由聚 o-乙酰基-（4-o-甲基葡萄糖醛酸）木糖构成，禾本科的半纤维素主要由聚阿拉伯糖 4-o-甲基葡萄糖醛酸木糖构成。此外，针叶木木质素的基本结构单元主要是愈创木基，阔叶木木质素的基本结构单元主要以愈创木基和紫丁香基为主，针叶木和阔叶木中的对羟苯基均较少。禾本科木质素的基本结构单元与阔叶木木质素相似，但含有更多的对羟苯基。目前，对于固体生物质燃料种类和组成的鉴别、化学反应程度表征、晶体结构表征等研究主要是通过傅里叶变换红外光谱仪（Fourier transform infrared spectroscopy，FTIR，简称傅里叶红外光谱仪）实现。FTIR 是以波长为 $2.5 \sim 25~\mu m$ 的中红外光为光源，通过分析红外光辐射与材料的相互作用，表征材料结构和组成等信息的一种波谱分析方法。

二、实验原理

1. 红外光谱产生原理

红外光谱产生需要满足两个条件：首先，辐射具有能够满足物质产生振动跃迁所需的能量，即分子中某一基团的振动频率与红外光频率相同时，物质就可能吸收该频率的红外光跃迁到高能级，形成红外吸收光谱；其次，辐射与物质间存在相互耦合作用，为实现分子能级跃迁，外界辐射所携带的能量通过分子振动时的偶极矩变化转移给物质分子。

当用一定频率的红外光照射固体生物质燃料试样时，分子中某个具有相同振动频率的基团就会与之形成共振，光的能量通过分子振动时的偶极矩变化转移给分子，此基团由于吸收了该频率的红外光，实现振动跃迁。因此，当用频率连续改变的红外光照射试样时，部分频率的红外光因被吸收而变弱，而另一范围内的红外光则未被吸收而保持较强。利用仪器记录透过试样后红外光的强度变化情况，即可获得固体生物质燃料试样的红外吸收光谱图。

2. 傅里叶红外透射光谱

测绘物质红外光谱的仪器是红外光谱仪。第一代红外光谱仪是用棱镜作色散元件；第二代红外光谱仪是用光栅代替棱镜作为色散元件，称为色散型红外分光光度计。随着电子计算机的快速发展，20 世纪 70 年代出现了基于光相干性原理的第三代红外光谱仪，即干涉型傅里叶红外光谱仪。

傅里叶红外光谱仪的工作原理如图 5-7-1 所示，红外光源发出的光经麦克逊干涉仪变成干涉光。麦克逊干涉仪由定镜、动镜、分束器、检测器组成，动镜与定镜间呈45°角放置的分束器将来自红外光源的光一半透过，一半被反射。透射光被动镜反射，回到分束器后再次发生反射和透射，反射部分通过样品后到达检测器；反射光被定镜反射，回到光束器后再次发生反射和透射，透射部分通过样品后到达检测器，在检测器中得到两束光的相干光。因此，实验所得原始光谱图是红外光源的干涉图，干涉图经计算机进行傅里叶变换计算后形成以波长或波数为函数的傅里叶红外透射光谱图。

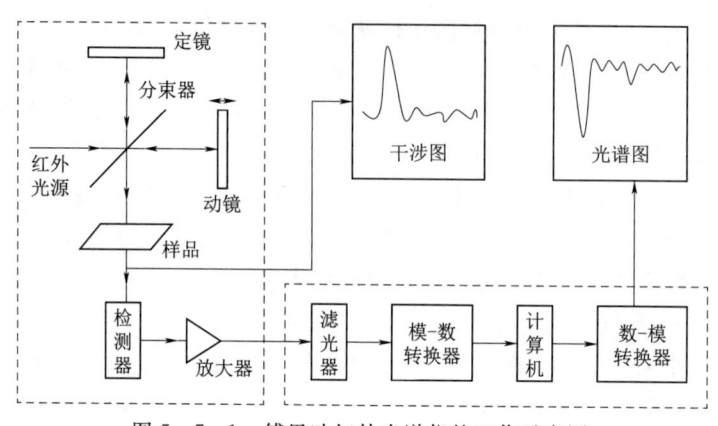

图5-7-1 傅里叶红外光谱仪的工作示意图

3. 衰减全反射光谱

衰减全反射（Attenuated Total Reflection，ATR）光谱需要在ATR附件上完成，以光在两种介质界面的全反射原理为基础。红外光发生全反射的机理如图5-7-2所示，当ATR晶体的折射率 n_1 大于固体生物质燃料试样的折射率 n_2，且入射角 θ 大于临界角 θ_c（$\sin\theta_c = n_2/n_1$）时，入射光发生全反射。实际上，部分入射光是进入试样表面一定深度（d_p）再反射回来的。在这一过程中，由于试样有选择性地吸收部分入射光，使得反射光的强度变弱，从而形成与透射吸收相似的ATR谱图，获得样品表层化学组成信息。

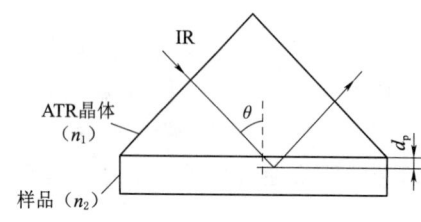

图5-7-2 红外光（IR）在界面处发生全反射图

三、实验目的及要求

（1）了解傅里叶红外分析的基本原理。
（2）掌握固体生物质燃料傅里叶红外分析的方法及操作步骤。

四、仪器与试剂

1. 傅里叶红外光谱仪

典型的傅里叶红外光谱仪如图5-7-3所示，主要由光源、干涉仪和检测器三部分组成。其中，光源一般是惰性固体，通过电加热能够发射出高强度且连续的红外辐射。来自光源的单光束入射光进入干涉仪后经过一系列的干涉作用，最终产生复杂的干涉图。从干涉仪中出来的光束进入检测器，转变成可测的响应值，检测器的检测范围一般为 $7800\sim350\mathrm{cm}^{-1}$。

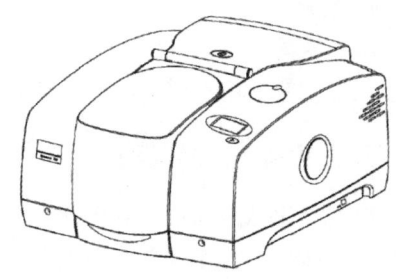

图 5-7-3 傅里叶红外光谱仪示意图

2. 附属部件

（1）压片机以及压片模具：用于固体生物质燃料试样压片，典型的压片机和压片模具如图 5-7-4 所示。

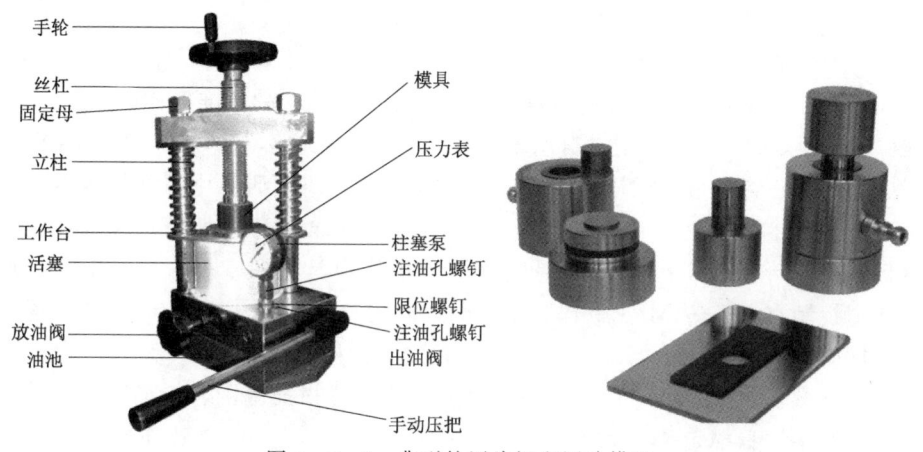

图 5-7-4 典型的压片机和压片模具

（2）ATR 压头：根据生物质固体燃料试样形态的不同，可选择不同的 ATR 压头。典型的 ATR 压头如图 5-7-5 所示，从左往右分别适用于厚软、粉末/薄膜、颗粒样品。

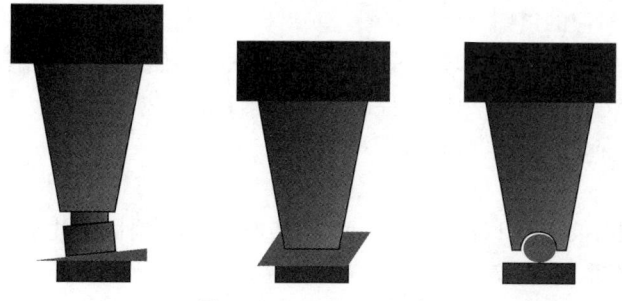

图 5-7-5 ATR 压头

3. 其他器具

（1）红外干燥箱：用于干燥固体生物质燃料试样、溴化钾及压片磨具等。

（2）玛瑙研钵：用于研磨固体生物质燃料试样和溴化钾，并使其混合均匀。

（3）电子天平：要求感量为 0.1mg。

（4）吸耳球。

4. 试剂

(1) 光谱纯溴化钾（KBr）：用于压片法制备锭片。

(2) 乙醇：用于清洁仪器及附属部件。

五、实验方法与步骤

根据固体样品的形态和测试目的不同，选用适宜的制样和测试方法。固体生物质燃料本体反应程度的测定主要采用压片法制样，由傅里叶红外透射光谱实现。固体生物质燃料表面氧化、表面化学反应和表面降解等反应程度的测定主要采用衰减全反射光谱法。

1. 压片法

(1) 开机：打开FTIR电源，并与电脑连接。

(2) 模具清洁：用乙醇清洗压片模具，然后在红外干燥箱中干燥1~2h。

(3) 称样：根据固体生物质燃料试样透光性的不同，酌情准确称取0.5~2.0mg试样。透光性差的固体生物质燃料用量不宜太多，以免光路不畅，影响测定结果。

(4) 制样：将称量好的固体生物质燃料试样放入玛瑙研钵中，并加入KBr。试样和KBr的比例一般为1:100~1:150。然后将试样和KBr研磨均匀，使混合物粒度低于$2.5\mu m$。将研磨均匀的混合物倒入压片模具（图5-7-4）中，施加压力（压力控制在10~20MPa下保持3min），获得厚度为0.1~0.3mm的半透明状薄片。同时，按照上述步骤制备仅含有KBr的空白样片。

(5) 参数设置：打开FTIR软件，根据需要设置扫描范围、扫描次数、分辨率等参数。其中，扫描范围一般设置为$4000 \sim 400 cm^{-1}$，扫描次数通常选择32次，分辨率（即数据采集间隔）一般选择4。

(6) 扫描背景：将装有空白样片的样品架放入仪器对应位置，扫描空白背景；一批样片扫描一次背景即可。

(7) 扫描样品：在仪器软件上设置样品名称，放入待测的样片后进行扫描，扫描结束后会出现样品对应的谱图。保存谱图，取出样片。重复上述步骤进行下一个样品测定，所有实验做完后，用吸耳球将模具中的碎屑吹出，然后用乙醇清洗干净，晾干。

(8) 数据处理：利用FTIR软件对红外谱图进行数据处理。

(9) 关机：依次关闭电脑和仪器电源开关。

2. ATR法

(1) 安装附件：在FTIR中安放ATR实验台，根据固体生物质燃料的形态选用合适的压头（图5-7-5），旋上压头，保持压头尖端距离平台一定高度。

(2) 设置参数：打开仪器软件，查看红外能量强度是否合适，一般以接近仪器红外能量最大值为宜；设置扫描范围、扫描次数、分辨率等参数（具体设置与压片法相同）。

(3) 扫描背景：扫描空白背景，一批样片扫描一次背景即可，背景扫描完自动消失。

(4) 扫描样品：设置样品名称，将准备好的样品放在压头的装样处，打开软件上的预览功能，调整ATR晶体与样品的紧密度，并实时查看谱图，当红外谱图比较完整时停止,然后扫描谱图。谱图扫描完毕后清理样品台,并用乙醇将压头清洁干净,待干燥后进行下一个样品测定。

(5) 数据处理:利用 FTIR 软件对红外谱图进行数据处理。

(6) 关机:依次关闭电脑和仪器电源开关。

六、实验结果与数据处理

1. FTIR 谱图的数据处理

FTIR 谱图的数据处理过程主要包括以下几方面的内容:

(1) 光谱坐标变换:FTIR 谱图的坐标变换有纵坐标的透射率与吸光度变换、横坐标的波数与波长变换两种。通常,FTIR 谱图的横坐标采用的是波数。纵坐标的透射率(Transmittance,T)是红外光透过样品的光强 I 与入射光强 I_0 的比值,采用透射率 T 的优点是方便观察样品红外吸收的情况。吸光度(Absorbance,A)是透射率 T 倒数的对数,采用吸光度 A 的优点是吸光度在一定范围内与样品的浓度成正比,服从朗伯-比尔定律(Lambert - beer Law),是红外光谱进行定量分析的基础。

(2) 基线校正:FTIR 软件可以对红外谱图中发生漂移、倾斜或弯曲的基线进行校正。

(3) 导数光谱:对已采集的红外光谱数据进行微分处理后得到的二次谱图。其中,用于分辨红外谱图中的重叠峰二阶导数光谱应用比较多。

(4) 示差光谱:利用红外光谱图的加和性特征对已储存的数字化光谱进行数据处理,可以从混合物光谱中去除已知组分。

2. FTIR 谱图的数据解析

利用 FTIR 对固体生物质燃料的种类和组成进行鉴别,主要是基于每种固体生物质燃料在中红外区的特征吸收峰不同。图 5-7-6 和表 5-7-1 分别是典型固体生物质燃料的 FTIR 谱图及其解析。

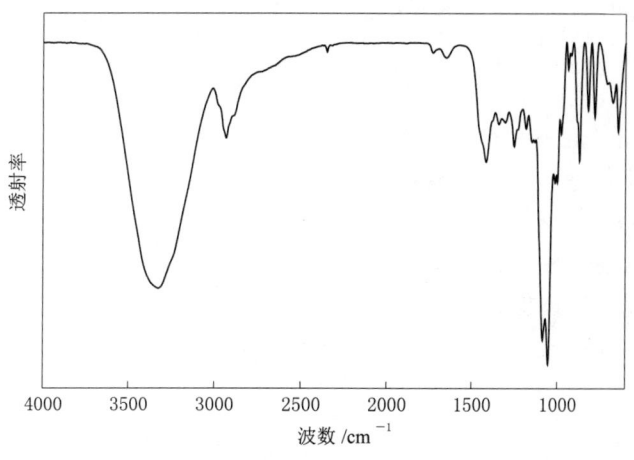

图 5-7-6 典型固体生物质燃料 FTIR 谱图

表 5-7-1　　典型固体生物质燃料红外谱图解析

波数/cm^{-1}	吸 收 峰 基 团 归 属
3500～3200	羟基上的 O—H 伸缩振动
2970～2860	甲基或亚甲基基团上的 C—H 伸缩振动
1730～1700	C═O 伸缩振动（羧酸羰基，半纤维素乙酰基）
1651	C═O 共轭羰基基团伸缩振动
1593	芳环 C 骨架伸缩振动和 C═O 伸缩振动（木质素）
1504	芳环骨架 C═C 伸缩振动
1458	木质素 C—H 弯曲振动；甲基或亚甲基基团上的 C—H 变形振动
1423	芳香环骨架上的 C—H 在平面上的变形振动
1369	G 环 5 位和 CH$_3$ 中脂肪族 C—H 伸缩振动
1319	酚羟基、S 型芳环和 G 型芳环的伸缩振动
1270	G 型木质素 C═O 的伸缩振动
1234	在木质素和木聚糖中 S 型芳环和 C—O 伸缩振动
1170	C—O—C 的伸缩振动（综纤维素）
1107	—OH 缔合吸收带伸缩振动（综纤维素）
1080	C—O 伸缩振动（综纤维素）
900～700	C—H 的变形振动
700～600	C—C 拉伸振动

七、注意事项

（1）样品在上机测定前必须保持干燥状态。

（2）使用压片法进行测定时，压片厚度要适当，具有较好的透光性。

（3）仪器使用完毕后，及时清理实验台。

（4）红外光线要对准压片的透明区域。

（5）由于压片置于空气中容易吸潮，制备好的压片要及时测定。

思　考　题

1. 简述傅里叶红外分析的原理。
2. 简述红外光谱产生的必要条件。
3. 简述衰减全反射光谱分析的原理。
4. 在 FTIR 谱图中，波数 1680～1560cm^{-1}、870～670cm^{-1}、1380～1370cm^{-1} 所对应的峰可能与固体生物质燃料的哪些基团有关？
5. 对固体生物质燃料进行 FTIR 分析，可以获得哪些信息？

第 6 章　固体生物质燃料的基本燃料特性分析与测定

实验 6-1　固体生物质燃料工业分析

一、实验介绍

工业分析是固体生物质燃料热转化利用技术遴选和反应器设计的重要指标。固体生物质燃料的工业分析包括水分（M）、灰分（A）、挥发分（V）和固定碳（FC）含量的测定。本实验将结合相关仪器对固体生物质燃料的工业分析过程进行介绍，主要依据为 GB/T 28731—2012《固体生物质燃料工业分析方法》。

固体生物质燃料工业分析

二、实验原理

水分：称取一定量的空气干燥固体生物质燃料试样，放入称量瓶，送入预先通风并恒温在（105±2）℃的干燥箱中，直至质量恒定，根据试样减少的质量可计算试样中水分含量。

灰分：称取一定量的空气干燥固体生物质燃料试样，放入灰皿，并置于程序控温的马弗炉中灰化，最后在（550±10）℃下灼烧到质量恒定，根据试样中残留物的质量可计算试样中灰分含量。

挥发分：称取一定量的空气干燥固体生物质燃料试样，放入带盖的瓷坩埚中，在预先恒温在（900±10）℃下的马弗炉中隔绝空气加热 7min，根据试样中减少的质量百分比减去该试样的水分含量，得到试样中挥发分含量。

固定碳：由差减法计算得到，即以 100 减去试样中水分、灰分和挥发分含量得出。

三、实验目的及要求

(1) 掌握电子天平、鼓风干燥箱、马弗炉的使用方法及操作。
(2) 掌握固体生物质燃料工业分析中水分、灰分及挥发分的测定方法。
(3) 掌握固体生物质燃料工业分析中固定碳的计算方法。

四、仪器与试剂

(1) 箱式马弗炉。典型的箱式马弗炉如图 6-1-1 所示，能够恒温在（550±

101

图 6-1-1 箱式马弗炉

10)℃和（900±10）℃。带有高温计和调温装置，有足够的恒温区。

（2）鼓风干燥箱：要求能够加热恒温在（105±2）℃，并带有自动控温装置。

（3）分析天平：称量范围不低于30g，感量0.1mg。

（4）称量瓶：2个，材质为玻璃，规格为直径40mm，高25mm，并带有严密的磨口盖，如图6-1-2所示。

（5）灰皿：2个，材质为瓷质，规格为底长45mm，底宽22mm，高14mm，如图6-1-3所示。

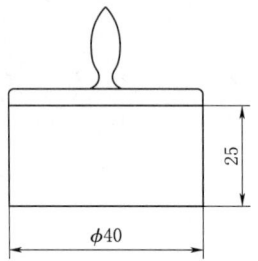

图 6-1-2 玻璃称量瓶（单位：mm）

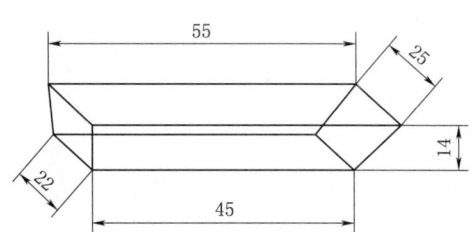

图 6-1-3 灰皿（单位：mm）

（6）挥发分坩埚：2个，材质为瓷质，要求坩埚总质量为15～20g，并带有严密的盖子，如图6-1-4所示。

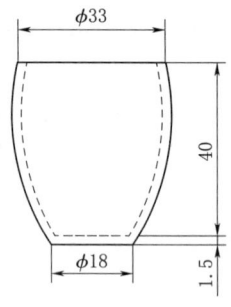
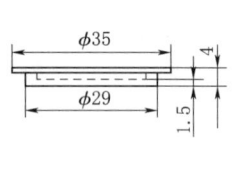

图 6-1-4 挥发分坩埚（单位：mm）

（7）坩埚架：1个，材质为镍铬丝或其他耐热金属丝，如图6-1-5所示。

（8）坩埚架夹：1个。

（9）耐热瓷板或石棉板：1块。

（10）干燥器：2个，内装变色硅胶或粒状无水氯化钙。

（11）秒表：1个。

五、实验方法与步骤

1. 水分测定步骤

（1）开启鼓风干燥箱，设定加热温度为105℃，当达到设定温度后稳定10min，待用。

（2）将带盖称量瓶清洗干净，在干燥箱中烘干后，置于干燥器中冷却至室温。

（3）从干燥器中取出称量瓶置于天平上称量，并记录称量瓶质量。

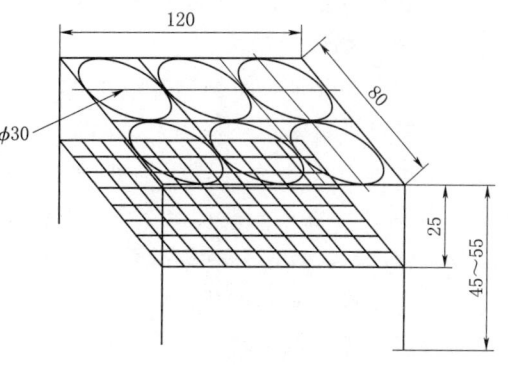

图6-1-5 坩埚架（单位：mm）

然后称取固体生物质燃料试样置于称量瓶内，并轻轻地将样品摊平，记录试样和称量瓶的总质量。试样质量一般为（1±0.1）g（称准至0.0002g），如果试样比较蓬松，应酌情减少称样量。

（4）打开称量瓶盖，放入干燥箱中鼓风干燥2h。

（5）从干燥箱中取出称量瓶，立即盖上盖，转移至干燥器冷却，待降至室温（约20min）后，取出称量并记录。

（6）进行检查性干燥，其目的是确保水分能够完全被除去。将称量瓶再次放回干燥箱中干燥30min，待冷却后称量试样和称量瓶总质量。如此重复直到连续两次质量增加或减少均低于0.0010g时为止。当质量增加时，采用前一次的质量为计算依据。

（7）测定完成后，关闭鼓风干燥箱。

2. 灰分测定步骤

（1）将灰皿清洗干净，置于马弗炉中，在550℃下灼烧约30min，随后在空气中冷却约5min，放入干燥器中冷却至室温，称量并记录质量。

（2）称取一定量固体生物质燃料试样置于灰皿中，轻轻地将样品摊平，记录试样和灰皿的总质量。样品质量一般为（1±0.1）g（称准至0.0002g），如果样品比较蓬松，应酌情减少称样量。

（3）将灰皿置于室温下的马弗炉恒温区，炉门关至留有15mm左右的缝隙。

（4）开启马弗炉，按照以下升温程序开始灼烧：以不高于5℃/min的升温速度将炉温升至250℃，并恒温1h；然后以不高于5℃/min的升温速度继续升温至550℃，并灼烧2h。

（5）取出灰皿置于耐热瓷板或石棉板上冷却约5min，放入干燥器，冷却至室温（约20min）后称量。

（6）进行检查性灼烧，以确保灰化完全。将灰皿再次放回马弗炉中，在550℃温度下灼烧30min，取出后称量样品和灰皿的总质量。如此重复直到连续两次质量增加或减少均低于0.0010g时为止。当质量增加时，采用前一次的质量为计算依据。

(7) 测定完成后，关闭鼓风干燥箱、马弗炉。

3. 挥发分测定步骤

(1) 开启马弗炉，将炉温升至 900℃，待用。

(2) 检查带盖瓷坩埚是否完好，以及坩埚与盖的接触是否严密。然后把检查好的带盖瓷坩埚清洗干净，置于马弗炉中，在 900℃ 下灼烧约 30min，取出冷却约 5min 后，移入干燥器中冷却至室温，并称重。

(3) 称取（1±0.1）g（称准至 0.0002g）固体生物质燃料试样于瓷坩埚中，如果样品比较蓬松，应酌情减少称样量。轻轻振动坩埚，使试样摊平，盖上盖，放回天平上再次称重，记录此时带盖瓷坩埚和样品的总质量，并将带盖瓷坩埚置于坩埚架上。

(4) 小心打开马弗炉炉门，迅速平稳地用坩埚架夹将坩埚架送入恒温区，立即关闭炉门并开始计时，严格控制加热时间为 7min。要求坩埚架放入 3min 内，炉温回升至（900±10）℃并保持，否则本次实验作废。

(5) 打开炉门，取出坩埚架，置于耐热瓷板上冷却约 5min，将坩埚置于干燥器中冷却至室温（约 20min）后称量。

(6) 称量后，将坩埚盖打开，观察试样灼烧残留物。

(7) 测定完成后，关闭马弗炉。

六、实验结果与数据处理

1. 实验记录

实验数据按表 6-1-1 格式记录。

2. 实验数据处理

(1) 固体生物质燃料试样水分含量按式（6-1-1）计算，即

$$M_{ad} = \frac{m_1}{m} \times 100 \tag{6-1-1}$$

式中 M_{ad}——试样空气干燥基水分含量，%；

m——称取的试样质量，g；

m_1——试样烘干后失去的质量，g。

(2) 固体生物质燃料试样灰分含量按式（6-1-2）计算，即

$$A_{ad} = \frac{m_2}{m} \times 100 \tag{6-1-2}$$

式中 A_{ad}——试样空气干燥基灰分含量，%；

m_2——试样灼烧后残留物的质量，g。

(3) 固体生物质燃料试样挥发分含量按式（6-1-3）计算，即

$$V_{ad} = \frac{m_3}{m} \times 100 - M_{ad} \tag{6-1-3}$$

式中 V_{ad}——试样空气干燥基挥发分含量，%；

m_3——试样加热后减少的质量，g。

表 6-1-1 　　　　　　　固体生物质燃料工业分析原始记录表

样品名称				样品外观	
实验项目		水分、灰分、挥发分、固定碳			
检测设备及状态					
仪器主要工作参数					
水分		称量瓶号	1		2
		称量瓶质量/g			
		试样质量 m/g			
		烘干后总质量/g			
		检查后总质量/g			
		加热后减量 m_1/g			
		M_{ad}/%			
		平均值 M_{ad}/%			
灰分		灰皿号	1		2
		灰皿质量/g			
		试样质量 m/g			
		灼烧后总质量/g			
		检查后总质量/g			
		加热后余量 m_2/g			
		A_{ad}/%			
		平均值 A_{ad}/%			
挥发分		坩埚号	1		2
		坩埚质量/g			
		试样质量 m/g			
		灼烧后总质量/g			
		灼烧后减量 m_3/g			
		V_{ad}/%			
		平均值 V_{ad}/%			
固定碳		FC_{ad}/%			
实验心得与注意事项					

（4）固体生物质燃料试样固定碳含量按式（6-1-4）计算，即

$$FC_{ad}=100-(M_{ad}+A_{ad}+V_{ad}) \qquad (6-1-4)$$

式中　FC_{ad}——试样空气干燥基固定碳含量，%。

3. 精密度

固体生物质燃料试样水分测定的重复性限为 0.15%，灰分测定的重复性限参照

表 6-1-2，挥发分测定的重复性限为 0.60%。

表 6-1-2　　　　固体生物质燃料灰分测定的重复性限　　　　　　　　%

灰分质量分数 A_{ad}	重复性限 A_{ad}	灰分质量分数 A_{ad}	重复性限 A_{ad}
<10.00	0.15	≥10.00	0.20

4. 结果表述

实验结果取两次平行测定结果的算术平均值，测定值和报告值均修约到小数点后两位。

七、注意事项

（1）实验过程中使用同一天平以减小误差。
（2）测量时应避免用手直接接触容器。
（3）使用马弗炉时须戴上耐高温手套以防止灼伤。
（4）使用马弗炉灼烧样品时应打开通风系统及时排烟。

思　考　题

1. 使用称量瓶和坩埚称取固体生物质燃料时，称量瓶盖和坩埚盖是否一起称量？

2. 在水分测定中，为什么从干燥箱中取出称量瓶应立即盖上瓶盖？

3. 如果由于操作失误导致空气干燥基水分的实测值偏低，试分析这对干燥基中灰分、挥发分和固定碳含量会有什么影响？

4. 挥发分测定时，马弗炉炉温在 3min 内达不到或超过（900±10）℃，分别对挥发分结果有什么影响？

5. 如何将空气干燥基的固体生物质燃料工业分析结果换算为干燥基和干燥无灰基的结果？

实验 6-2 固体生物质燃料发热量测定

固体生物质燃料发热量测定

一、实验介绍

发热量是固体生物质燃料转化利用中能量衡算和设备选型的主要依据。本实验将结合氧弹量热仪（等温式全自动量热仪）介绍固体生物质燃料发热量的测定原理及方法，主要依据是 GB/T 30727—2014《固体生物质燃料发热量测定方法》。

二、实验原理

称取一定量的固体生物质燃料试样置于氧弹量热仪中，并在氧弹中充入过量氧气，以使试样充分燃烧。燃烧所释放热量会使量热系统温度升高，通过扣减点火热等附加热，即可获得试样的弹筒发热量。

基于元素分析，从弹筒发热量中减去硫酸矫正热和硝酸形成热，即为恒容高位发热量。其中，硫酸矫正热为燃烧过程中水合硫酸与气态二氧化硫的形成热之差。基于工业分析和氢元素含量分析，从高位发热量减去水的气化潜热，即为恒容低位发热量。

三、实验目的及要求

（1）掌握固体生物质燃料发热量的测定方法及操作。
（2）了解全自动量热仪的工作原理。
（3）掌握固体生物质燃料恒容高、低位发热量的计算。

四、仪器与试剂

1. 等温式全自动量热仪

等温式全自动量热仪如图 6-2-1 所示，主要由控制系统、测量系统和制冷系统构成，其中，测量系统主要包括氧弹（图 6-2-2）、内筒、外筒、试样点火装置、搅拌器、温度传感器等。该仪器具有大容量外筒和水箱，带有制冷压缩机和加热系统，确保水温恒定，适应长时间连续测试。

2. 分析天平

称量范围不低于 30g，感量 0.1mg。

3. 附属部件及消耗品

（1）点火丝：材质为已知热值的铂、铜、镍丝等金属丝，规格为直径 0.1mm 左右。
（2）苯甲酸：二等及以上有证基准量热物质。
（3）擦镜纸：用来包裹样品。
（4）燃烧皿：2个，材质为镍铬钢制品，规格为高 17~18mm、底部直径 19~20mm、上部直径 25~26mm、厚 0.5mm。

（5）氧气：纯度不低于99.5%，压力不低于5MPa，不含可燃成分，不允许使用电解氧。

图6-2-1 等温式全自动量热仪

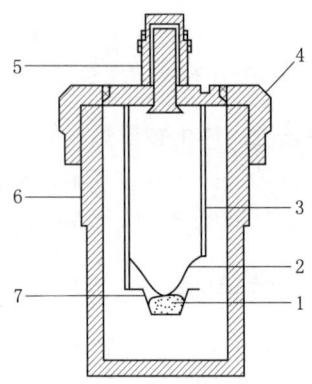

图6-2-2 氧弹示意图
1—试样；2—点火丝；3—电极柱；4—氧弹盖；
5—氧弹芯体；6—氧弹筒；7—燃烧皿

（6）量筒：1个，10mL。

（7）氧弹支架：1个。

4．实验用水

一般使用蒸馏水或去离子水。

5．附属设备

附属设备包括空调、打印机。

五、实验方法与步骤

（1）开启空调电源，保持检测环境温度相对稳定，以15～30℃为宜，每次测定的环境温度变化不应超过1℃。

（2）开启仪器和打印机电源，打开氧气瓶并调节减压阀至3MPa，打开测试软件，对仪器进行控温，建议设定温度高于室温3～4℃，温度稳定后，可以开始实验。

（3）测定擦镜纸热值，取3～4张擦镜纸团紧后称量并测定发热量，取三次结果的平均值作为擦镜纸热值。

（4）取一张已经标定了热值的擦镜纸，折叠成三层，准确称其质量，然后在擦镜纸上准确称取（1±0.1）g（称准至0.0002g）试样。如果试样比较蓬松，应酌情减少称样量。用擦镜纸包裹称好的试样并用手压紧，然后放在燃烧皿中。

（5）将氧弹芯体置于氧弹支架上，放入燃烧皿，将点火丝对折后弯曲两端接在氧弹芯体的两个电极柱上，调整点火丝中间部位，使之与包裹试样的擦镜纸接触，但不要接触燃烧皿。应防止因点火丝与燃烧皿之间、电极柱正负极之间、燃烧皿与电极柱之间接触形成短路而导致点火失败。

（6）向氧弹筒中加5mL水，将氧弹芯体放入氧弹筒中，小心拧紧氧弹盖。

（7）确认开始实验，氧弹自动下降，并自动向氧弹中缓缓充入氧气，仪器自动进行测试。

（8）测定完成后，自动排放内桶水和废气，上升氧弹。

（9）取下氧弹，仔细观察燃烧皿里试样是否燃烧完全，氧弹内壁或水里是否有试样或炭黑存在。如果有，则舍弃本次结果，查找原因并找到解决方法后重做实验。将氧弹各部件冲洗后擦拭干净。

（10）重复上述过程直到所有实验完成后，退出操作软件，依次关闭仪器、打印机、空调和氧气瓶。

六、实验结果与数据处理

1. 实验记录

实验数据按表6-2-1格式记录。

表6-2-1　　　　　　固体生物质燃料发热量测定原始记录表

样品名称		样品外观	
实验项目	发　热　量			
检测设备及状态				
仪器主要工作参数				
实验序号	擦镜纸质量/g	试样质量/g	弹筒发热量 $Q_{b,ad}$/(MJ/kg)	高位发热量 $Q_{gr,ad}$/(MJ/kg)	平均值/(MJ/kg)
$S_{t,ad}=$ _____，$H_{ad}=$ _____，$M=$ _____　$Q_{net,M}=$ _____				
实验心得与注意事项					

2. 实验数据处理

（1）仪器测得结果为固体生物质燃料空气干燥试样的弹筒发热量 $Q_{b,ad}$。

（2）固体生物质燃料空气干燥试样的恒容高位发热量按式（6-2-1）计算，即

$$Q_{gr,ad}=Q_{b,ad}-(\beta \times S_{t,ad}+\alpha \times Q_{b,ad}) \quad (6-2-1)$$

式中　$Q_{gr,ad}$——试样空气干燥基恒容高位发热量，MJ/kg；

　　　$S_{t,ad}$——试样空气干燥基全硫含量（实验5-2固体生物质燃料元素分析中测定），%；

　　　β——空气干燥基试样每1.00%硫的校正值，以94.1计，J/g；

　　　α——硝酸形成热校正系数：当 $Q_{b,ad} \leqslant 16.70$MJ/kg，$\alpha=0.0010$；当 16.70MJ/kg$< Q_{b,ad} \leqslant 25.10$MJ/kg，$\alpha=0.0012$；当 $Q_{b,ad}>25.10$MJ/kg，$\alpha=0.0016$。

(3) 固体生物质燃料的各种不同水分基的恒容低位发热量按式（6-2-2）计算，即

$$Q_{net,M} = (Q_{gr,ad} - L_1 H_{ad}) \times \frac{100-M}{100-M_{ad}} - L_2 M \qquad (6-2-2)$$

式中 $Q_{net,M}$——水分为 M 的固体生物质燃料的恒容低位发热量，J/g；

H_{ad}——固体生物质燃料的空气干燥基氢含量（实验 5-2 固体生物质燃料元素分析中测定），%；

M——固体生物质燃料的水分，以质量分数表示，%；干燥基时 $M=0$；空气干燥基时 $M=M_{ad}$（实验 6-1 固体生物质燃料工业分析中）；收到基时 $M=M_t$（实验 4-1 固体生物质燃料全水分测定）；

L_1——空气干燥基试样中每 1.00% 氢的汽化热校正值（恒容），以 206 计，J/g；

L_2——试样中每 1.00% 水分的汽化热校正值（恒容），以 23 计，J/g。

3. 精密度

固体生物质燃料发热量测定的重复性限和再现性临界差参照表 6-2-2。

表 6-2-2　　固体生物质燃料发热量测定的重复性限和再现性临界差

高位发热量 $Q_{gr,ad}/(J/g)$	重复性限（以 $Q_{gr,ad}$ 表示）	再现性临界差（以 $Q_{gr,d}$ 表示）
	120	300

4. 结果表述

实验结果取高位发热量的两次平行测定结果的平均值，按 J/g 或 MJ/kg 的形式报出。按 J/g 形式时，实测值修约到 1J/g，报告值修约到 10J/g 的倍数；按 MJ/kg 形式时，实测值修约到小数点后三位，报告值修约到小数点后两位。

七、注意事项

（1）注意采用相同的方法清洗氧弹，尽量减少人为误差对实验结果的影响。

（2）如果用擦镜纸包裹粉末状生物质燃料，仍存在飞溅现象，可先用压饼机将生物质粉末制成结构紧凑、密度相对大的饼状试样，以有效降低挥发分的析出速度，进而控制燃烧速度。

思　考　题

1. 简述在固体生物质燃料发热量测定过程中使用擦镜纸的目的。
2. 简述等温式全自动量热仪的基本工作原理。
3. 简述弹筒发热量、恒容高位发热量、恒容低位发热量的换算，并分析三者之间的差别。
4. 恒容高位发热量和恒容低位发热量在工业设计中有何应用？
5. 简述如何实现不同基准的发热量的换算。

实验 6-3　固体生物质燃料氟含量测定

固体生物质燃料氟含量测定

一、实验介绍

氟是一种化学性质非常活泼的元素，排放到大气中的氟与水汽结合生成气溶胶或氢氟酸等，会对环境造成严重污染，危害人体健康。生物质中的氟主要以无机物形态存在，但也有少量氟以有机物形态存在。生物质中氟含量较少，但超过一定浓度会严重腐蚀设备，造成设备结垢和堵塞现象。本实验将介绍利用高温燃烧水解—氟离子选择电极法测定固体生物质燃料中的氟含量，主要依据是 GB/T 4633—2014《煤中氟的测定方法》。

二、实验原理

固体生物质燃料试样与石英砂混合后，在氧气和水蒸气混合气流中燃烧和水解，产生的挥发性氟化物（SiF_4 及 HF）被冷凝后形成冷凝液，依次加入一定量的溴甲酚绿指示剂、氢氧化钠溶液、总离子强度调节缓冲溶液，调节溶液 pH 为 6，形成样品溶液。以氟离子选择电极为指示电极，饱和甘汞电极为参比电极，用标准加入法直接滴定样品溶液，从而计算出试样中氟含量。

高温燃烧水解试样，首先用石英砂与样品混合，再用少量石英砂铺盖在上面，其目的是使燃烧水解过程中释放出来的氟蒸汽很快生成 SiF_4，避免被热解过程中生成的碱土氧化物捕捉。另外，石英砂还可以增加混合试样的透气性，使样品中的有机物能在规定的时间内全部烧尽，同时铺盖石英砂也能避免燃烧过程中小颗粒生物质灰被氧气吹走。

本实验用一次标准加入法测定样品溶液中氟离子活度（有效浓度），即在同一溶液中测量两次电极电位（E_1 和 E_2），此方法在一定程度上可以减少由于试液温度及其离子成分不同而引入的测量误差。在实际操作中，可根据第一次测量的电位值 E_1 估计需加入的标准溶液的浓度，控制电位差 ΔE（即 E_1-E_2）在 20～40mV 之间。

三、实验目的及要求

(1) 了解固体生物质燃料高温燃烧水解—氟离子选择电极法的原理及应用。
(2) 掌握固体生物质燃料氟含量的测定方法及操作。

四、仪器与试剂

1. 高温燃烧水解装置

高温燃烧水解装置如图 6-3-1 所示，主要包括以下部分：

(1) 高温炉：能加热到 1100℃ 以上，有长 80～100mm 的恒温区（1100±10）℃，配有自动温度控制器。

第6章 固体生物质燃料的基本燃料特性分析与测定

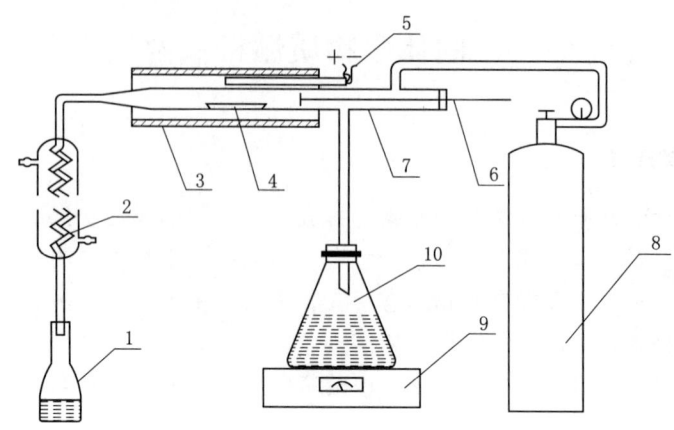

图6-3-1 高温燃烧水解装置

1—容量瓶；2—冷凝管；3—高温炉；4—瓷舟；5—铂铑—铂热电偶；6—进样推杆；
7—燃烧管；8—氧气钢瓶；9—可调压圆电炉；10—平底烧瓶

(2) 燃烧管：透明石英，能耐温1200℃以上，规格尺寸如图6-3-2所示，出口端填充少许高温棉。

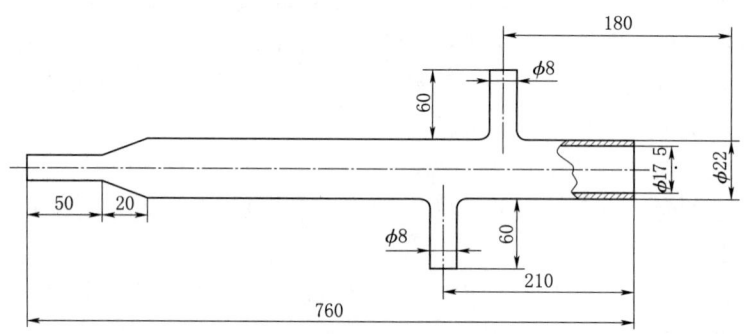

图6-3-2 石英燃烧管（单位：mm）

(3) 冷凝管：蛇形，规格尺寸如图6-3-3所示。

(4) 水蒸气发生器：由500mL平底烧瓶和可调压圆盘电炉（0.5kW，电压0～220V连续可调）构成。

(5) 氧气流量计：测量范围0～1000mL/min。

(6) 吸收器：1个100mL的容量瓶或1个150mL烧杯。

(7) 进样推杆：长约600mm，耐温1100℃的金属丝，一端弯曲成圆盘状。

(8) 取样杆：长约600mm，耐温1100℃的金属丝，一端弯曲成钩状。

2. 辅助设备

(1) 电位测量装置，如图6-3-4所示。其中：

1) 毫伏计：数字式，精度0.1mV。

2) 磁力搅拌器：转速连续可调。

3) 氟离子选择电极：线性范围10^{-1}～10^{-5}mol/L。

4）饱和甘汞电极：内阻不大于10kΩ。

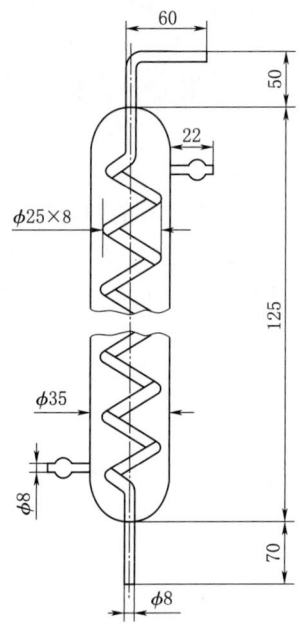

图6-3-3 蛇形冷凝管
（单位：mm）

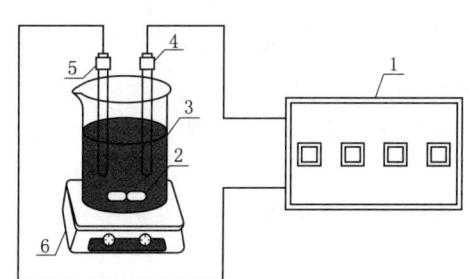

图6-3-4 电位测量装置
1—毫伏计；2—搅拌子；3—烧杯；4—饱和甘汞电极；
5—氟离子选择电极；6—磁力搅拌器

(2) 分析天平：称量范围不低于30g，感量0.1mg。
(3) 瓷舟：6个，长77mm，高和宽10mm，耐温1 100℃以上。
(4) pH 计。

3. 其他通用器材
(1) 容量瓶：100mL，10个；1000mL，2个。
(2) 吸量管：5mL，1支；10mL，2支。
(3) 移液管：5mL，1支。
(4) 烧杯：30mL，1个；150mL，若干；400mL，1个。
(5) 磨口瓶：1000mL，2个。
(6) 下口瓶：10L，1个。
(7) 不含氟的塑料瓶：100mL，6个。
(8) 棕色滴瓶：30mL，1个。
(9) 玻璃棒：若干。
(10) 吸耳球：1个。
(11) 洗瓶：1个。
(12) 小石棉板：1个。
(13) 定时钟：1个。

4. 试剂

(1) 氟标准储备溶液：准备浓度为 1000μg/mL 的氟标准储备溶液 100mL。准确称取预先在 120℃干燥 2h 后的氟化钠（优级纯）2.2101g 于烧杯中，加水溶解，转移至 1000mL 容量瓶中并定容摇匀，储于不含氟的塑料瓶中作为储备液备用。

(2) 氟标准工作溶液：用氟标准储备溶液分别配制 100μg/mL、200μg/mL、500μg/mL、1000μg/mL 的标准工作溶液各 100mL，储于不含氟的塑料瓶中备用。

(3) 总离子强度调节缓冲溶液：200mL，称取 294.0g 二水合柠檬酸三钠和 20.0g 硝酸钾溶于约 800mL 水中，用硝酸溶液调节溶液的 pH 值至 6，再用水稀释到 1L，储于不含氟的塑料瓶中备用。

(4) 硝酸溶液：100mL，(1+5)(V_1+V_2)，量取体积为 20mL 的浓硝酸（优级纯）缓慢加入 100mL 水中。

(5) 氢氧化钠溶液：准备浓度为 10g/L 的氢氧化钠溶液 100mL，将 1g 氢氧化钠（优级纯）溶于 100mL 水中。

(6) 溴甲酚绿指示剂：准备浓度为 10g/L 的溴甲酚绿指示剂 30mL，称取 1g 溴甲酚绿溶于 100mL 乙醇中。

(7) 氧气：纯度不低于 99.5%。

(8) 实验用水：一般使用蒸馏水或去离子水。

五、实验方法与步骤

1. 高温水解试样

(1) 仪器准备。主要包括以下部分：

1) 按图 6-3-1 所示装配仪器，连接好电路、气路和冷凝水后，开启高温燃烧水解炉并加热。

2) 当炉温升到约 800℃时，打开氧气瓶，调节减压阀和流量计，控制氧气流量为 400mL/min。

3) 开启水蒸气发生器。为缩短蒸馏水达到沸腾所需时间，在加热初期将压力表调至约 200V，待蒸馏水沸腾后再调至约 110V，同时打开冷凝水。

4) 待炉温升到 1100℃后，空蒸 15min。当同时通入氧气和水蒸气时，由于对流关系，可能会导致氧气流量发生变化，此时需要通过氧气减压阀和流量计旋钮进行微调，使氧气流量控制在 500mL/min。为减小对流的影响，每次加蒸馏水 300mL 为宜。当水解 1～2 次后，蒸馏水降到 200mL 以下时，再添加至 300mL，为减少加热至沸腾的时间，每次可添加沸腾的蒸馏水。

(2) 试样水解。主要包括以下部分：

1) 将清洗后的瓷舟放入马弗炉中高温灼烧 30 min，然后在空气中冷却后备用。

2) 将瓷舟置于天平上，去皮后在瓷舟内准确称取 (0.2±0.01)g（称准至 0.0002g）固体生物质燃料试样。接着称取 0.5g 石英砂与试样混合均匀并摊平，再称取 0.5g 石英砂铺盖在上面。

3) 将冷凝管下端插入 100mL 容量瓶以收集冷凝液。将瓷舟放入燃烧管,插入进样推杆并塞紧硅胶塞。

用进样推杆依次将瓷舟的前端推进到 300℃、600℃和 900℃区域,在每个区域停留 5min,最后推至 1100℃的恒温区,退回进样推杆,并保持燃烧分解 15min。在整个过程中,调节水蒸气发生器压力表,使冷凝液的收集速度在前 15min 内保持约 3mL/min,后 15min 内保持约 2.5mL/min,冷凝液总体积不超过 85mL。

4) 燃烧—水解完成后,取下容量瓶。关闭水蒸气发生器,待燃烧管内无水蒸气时关闭氧气,取下进样推杆,用取样杆取出瓷舟,关闭冷凝水,关闭高温炉。

5) 往容量瓶中滴入 3 滴溴甲酚绿指示剂,逐滴滴加氢氧化钠溶液以中和溶液至颜色变蓝色,再加入 10mL 总离子强度调节缓冲溶液,加水定容并摇匀后静置 30min。

2. 电位测量

(1) 滴定准备。往 150mL 烧杯中加入约 100mL 水后放在滴定台上,放入搅拌子,将氟离子指示电极和饱和甘汞电极插入烧杯中,将两电极引线与毫伏计测量端连接,开启电位测量装置和搅拌器,多次更换去离子水以冲洗电极,直至电位值达到氟电极的空白电位且稳定。

(2) 氟电极实际斜率测定。具体方法如下:

1) 向 5 个洁净的 100mL 容量瓶中分别加入 1mL、3mL、5mL、7mL、10mL 浓度为 100μg/mL 的氟标准工作溶液,再分别滴入 3 滴溴甲酚绿指示剂和 10mL 总离子强度调节缓冲溶液,定容并摇匀后静置 30min 备用。

2) 将静置后溶液转移到 150mL 烧杯中,放在电位测量装置台上,放好电极和搅拌子,启动搅拌器,待电位稳定后记录响应电位值。每完成一个溶液的电位测定后用水冲洗氟离子,选择电极直至达到空白电位值再进行下一个溶液测定;每次测定时电极插入深度和搅拌速度应保持一致。

3) 以溶液的浓度对数值为横坐标,以相应的响应电位为纵坐标,利用一元线性回归方程计算该氟离子选择电极的实际斜率,要求相关系数 $r \geqslant 0.999$。氟离子选择电极斜率理论值为 59.2,当电极实际斜率低于 55.0 时,则需抛光电极或更换新的电极。

3. 试样溶液电位测量

将静置后的试样溶液转入 150mL 烧杯中,放在电位测量装置台上,放好电极和搅拌子,开动搅拌器,待电位稳定后记录响应电位值 E_1;然后立即加入 1.00mL 氟标准工作溶液,待电位稳定后记录响应电位值 E_2。需注意的是:加入的标准氟含量 ($c_S \times V_S$) 应大于试液中氟含量 ($c_X \times V_X$) 的 4 倍,在实际操作中可根据 E_1 选择加入不同浓度的氟标准溶液,控制 ΔE 在 20~40mV。

4. 其他

电位测量完成后,将氟离子选择电极和饱和甘汞电极冲洗干净并擦干后装回盒中，关闭电位测量装置。

六、实验结果与数据处理

1. 实验记录

实验数据按表6-3-1格式记录。

表6-3-1　　　　固体生物质燃料氟含量测定原始记录表

样品名称						样品外观		
实验项目	氟含量							
检测设备及状态								
仪器主要工作参数								
氟电极斜率测定							
序号	1	2	3	4	5	相关系数 r	电极斜率 S	
试液含氟量/(μg/mL)								
响应电位/mV								
氟含量测定							
序号	试样质量 m/g	加标前样品溶液电位 E_1/mV	氟标准溶液		加标后样品溶液电位 E_2/mV	$\Delta E(E_1-E_2)$ /mV	氟含量 F_{ad} /(μg/g)	平均值 F_{ad} /(μg/g)
			浓度 c_S /(μg/mL)	加入量 V_S/mL				
实验心得与注意事项								

2. 实验数据处理

固体生物质燃料氟含量按式（6-3-1）计算，即

$$F_{ad} = \frac{c_S \times V_S}{\text{antilg}(\Delta E/S) - 1} \times \frac{1}{m} \tag{6-3-1}$$

式中　F_{ad}——样品中的氟含量，μg/g；

c_S——加入的氟标准溶液的浓度，μg/mL；

V_S——加入的氟标准溶液的体积，mL；

ΔE——加入氟标准溶液前后样品溶液的响应电位值之差（E_1-E_2），mV；

S——氟离子选择电极的实测斜率；

m——固体生物质燃料质量，g。

3. 精密度

固体生物质燃料氟含量测定结果的重复性限参照表6-3-2。

表 6-3-2　　固体生物质燃料氟含量测定结果的重复性限

氟含量范围 F_{ad}	重复性限（以 F_{ad} 表示）	氟含量范围 F_{ad}	重复性限（以 F_{ad} 表示）
≤150μg/g	15μg/g（绝对）	>150μg/g	10%（相对）

4. 结果表述

实验结果取 2 次平行测定结果的算术平均值，测定值和报告值均修约到个位。

七、注意事项

（1）使用饱和甘汞电极前，应将电极内所有气泡排出。

（2）燃烧水解之前，要先通入水蒸气空蒸 15 min。

（3）试样溶液电位测定时，电极插入深度和搅拌速度应和测量氟电极实际斜率时一致。

思 考 题

1. 为什么加入氟标准溶液前后的响应电位值之差 ΔE 需要控制在 20～40mV 范围内？

2. 将固体生物质燃料试样与石英砂混合的目的是什么？

3. 加入总离子强度调节缓冲溶液的作用是什么？

4. 简述固体生物质燃料高温燃烧水解—氟离子选择电极法测定原理。

实验 6-4　固体生物质燃料氯含量测定

固体生物质燃料氯含量测定

一、实验介绍

固体生物质燃料中的氯主要以无机物形式存在，少量以有机物形式存在，含量一般在 0.01%～2%。在固体生物质燃料热转化过程中，氯会通过复杂的反应转化成 HCl、Cl_2、无机盐等形态。其中，HCl 和 Cl_2 不仅会造成严重的腐蚀问题，而且释放到大气中会形成盐酸雾，引发环境问题。本实验将介绍利用高温燃烧水解—电位滴定法测定固体生物质燃料中的氯含量，主要依据是 GB/T 30729—2014《固体生物质燃料中氯的测定方法》。

二、实验原理

利用高温燃烧水解—电位滴定法测定固体生物质燃料中的氯含量分两部分完成。首先在一定的加热温度下，试样在 O_2 和水蒸气的混合气流中进行燃烧水解，产生的氯化物冷凝后溶于水形成冷凝液，依次加入一定量的溴甲酚绿指示剂、氢氧化钠溶液、硫酸溶液调节冷凝液酸度，再加入一定量硝酸钾饱和溶液、氯化钠标准溶液，形成样品溶液。

接着基于电位滴定法用标准硝酸银溶液滴定样品溶液中的氯离子。以银电极作为指示电极，插入样品溶液中，以银—氯化银电极作为参比电极，插入硝酸钾饱和溶液中，用盐桥连接两个溶液，组成一个工作电池，用毫伏计测量两电极间电位变化。滴定过程中，随着硝酸银标准溶液的加入，溶液中氯离子浓度降低，电位发生改变。以单位体积硝酸银标准溶液引起的电位变化值 $\Delta E/\Delta V$ 峰值所对应的硝酸银标准溶液体积作为终点体积，以此标定终点电位。根据样品溶液滴定到终点电位时的标准硝酸银溶液用量，计算试样中氯含量。

三、实验目的及要求

(1) 掌握固体生物质燃料氯含量的测定方法及操作。
(2) 了解固体生物质燃料高温燃烧水解-电位滴定法的原理及应用。

四、仪器与试剂

1. 高温燃烧水解装置

高温燃烧水解装置如图 6-4-1 所示，主要包括以下部分：

(1) 高温炉：能加热到 1100℃以上，有长 80～100mm 的恒温区（1100±10）℃，配有自动温度控制器。

(2) 燃烧管：透明石英，能耐温 1300℃以上，规格尺寸如图 6-3-2 所示；出口端填充少许高温棉。

(3) 冷凝管：蛇形，规格尺寸如图 6-3-3 所示。

实验 6-4 固体生物质燃料氯含量测定

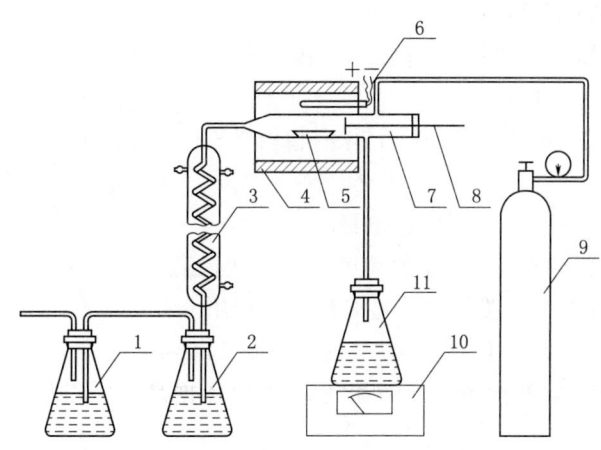

图 6-4-1 高温燃烧水解装置

1—锥形瓶（2 号吸收瓶）；2—锥形瓶（1 号吸收瓶）；3—冷凝管；4—高温炉；
5—瓷舟；6—铂铑热电偶；7—石英管；8—进样推杆；9—氧气瓶；
10—可调压圆盘电炉；11—平底烧瓶

（4）水蒸气发生器：由 500mL 平底烧瓶和可调压圆盘电炉（0.5kW，电压 0～220V 连续可调）构成。

（5）氧气流量计：测量范围 0～1000mL/min。

（6）吸收器：由 2 个 250mL 的锥形瓶以及玻璃管和橡胶塞组成。

（7）进样推杆：长约 600mm，耐温 1100℃的金属丝，一端弯曲成圆盘状。

（8）取样杆：长约 600mm，耐温 1100℃的金属丝，一端弯曲成钩状。

2. 辅助设备

（1）电位滴定装置，如图 6-4-2 所示。其中：

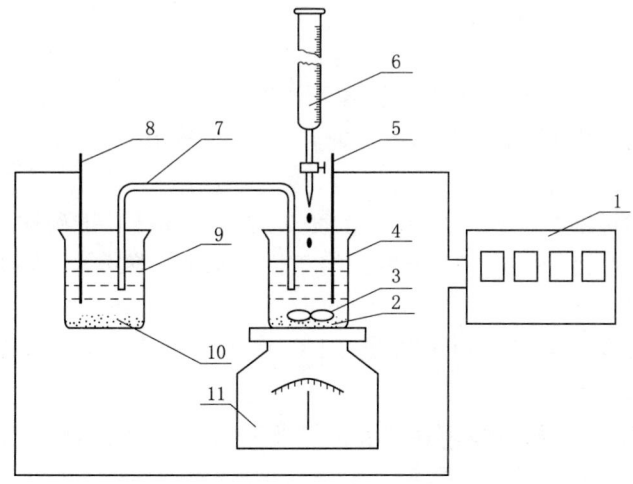

图 6-4-2 电位滴定装置

1—毫伏计；2—氯化银沉淀；3—搅拌子；4—烧杯；5—银电极；6—微量滴定管；7—盐桥；
8—银—氯化银电极；9—烧杯；10—饱和硝酸钾溶液；11—磁力搅拌器

119

1) 毫伏计：数字式，精度 0.1mV。
2) 磁力搅拌器：转速约 500r/min，转速连续可调。
3) 微量滴定管：最小刻度 0.05mL，量程 10mL，A 级。
4) 盐桥：称取 10g 硝酸钾和 1.5g 琼脂粉于 50mL 水中加热溶解，稍冷后注入 U 形玻璃管内。
5) 指示电极：直径 3mm 的银电极。
6) 参比电极：由直径 3mm 的纯银丝插在含有氯离子和氯化银沉淀的水溶液中构成银—氯化银电极；容器要求有避光性能或措施。

(2) 分析天平：称量范围不低于 30g，感量 0.1mg。

(3) 瓷舟：6 个，长 77mm，高和宽 10mm，耐温 1100℃以上。

3. 其他器材

(1) 容量瓶：100mL，3 个；1000mL，2 个（1 个是棕色的）；2000mL，1 个。

(2) 吸量管：1mL，1 支；5mL，1 支；10mL，1 支。

(3) 移液管：5mL，1 支。

(4) 烧杯：30mL，1 个；150mL 和 200mL，若干。

(5) 下口瓶：10L，1 个，用于往平底烧瓶中加水。下口瓶放置位置高于平底烧瓶，将下口瓶与平底烧瓶用橡胶管连接，并用止水夹控制。

(6) 塑料瓶：100mL，1 个。

(7) 棕色滴瓶：30mL，1 个。

(8) 玻璃棒：若干。

(9) 吸耳球：1 个。

(10) 洗瓶：1 个。

(11) 小石棉板：1 个。

(12) 定时钟：1 个。

4. 试剂

(1) 氯化钠标准溶液：50mL，氯离子浓度 0.2mg/mL，准确称取预先在 500～600℃灼烧 1h 的氯化钠（优级纯）0.6596g，溶于少量水中，转入 2000mL 容量瓶，加水定容，摇匀。

(2) 硝酸银标准溶液：1000mL，浓度 0.01411mol/L，准确称取预先在 110℃干燥 1h 的硝酸银（优级纯）2.3969g，溶于少量水中，转入 1000mL 棕色容量瓶，加水定容，摇匀。

(3) 硫酸溶液：24mL，(1+23)(V_1+V_2)，将 1 体积浓硫酸（优级纯）缓慢加入 23 体积水中。

(4) 氢氧化钠溶液：100mL，10g/L，将 1g 氢氧化钠（优级纯）溶于 100mL 水中。

(5) 无水乙醇：分析纯。

(6) 硝酸钾饱和溶液：200mL，将足量的硝酸钾（优级纯）溶于一定量的水中，直至溶液中有固体硝酸钾存在。

(7) 溴甲酚绿指示剂：30mL，10g/L，称取1g溴甲酚绿溶于100mL乙醇中。
(8) 琼脂粉：1.5g。
(9) 石英砂：5g，粒度0.5～1.0 mm。
(10) 氧气：纯度不低于99.5%。
(11) 实验用水：一般使用蒸馏水或去离子水。

五、实验方法与步骤

1. 高温水解样品

(1) 仪器准备。

1) 按图6-4-1所示装配仪器，连接好电路、气路和冷凝水后，开启高温燃烧水解炉并加热。

2) 当炉温升到约800℃时，打开氧气瓶，调节减压阀和流量计，控制氧气流量为500mL/min。

3) 开启蒸汽发生器。为缩短蒸馏水达到沸腾所需时间，加热初期将压力表调至约200V，待蒸馏水沸腾后再调至约110V，同时打开冷凝水。

4) 待炉温升到1100℃后，空蒸15min。当同时通入氧气和水蒸气时，由于对流关系，可能会导致氧气流量发生变化，此时需要通过氧气减压阀和流量计旋钮进行微调，使氧气流量控制在500mL/min。为减小对流的影响，每次加蒸馏水量以300mL为宜。当水解1～2次，蒸馏水降到200mL以下时，打开止水夹，再添加至300mL。为减少加热至沸腾的时间，可添加沸腾的蒸馏水。

(2) 样品水解。

1) 将瓷舟清洗干净，置于马弗炉中高温灼烧30min，在空气中冷却后备用。

2) 将瓷舟置于天平上，去皮后在瓷舟内准确称取（0.2±0.01）g（称准至0.0002g）固体生物质燃料试样，并轻轻地将样品摊平，接着称取0.5g石英砂铺盖在试样上。

3) 分别向1号和2号吸收瓶中加入25mL和15mL蒸馏水，塞上带有玻璃管的橡胶塞。将吸收器连接在冷凝管下端以收集冷凝液。将瓷舟放入燃烧管，插入进样推杆并塞紧硅胶塞。

用进样推杆依次将瓷舟的前端推进到300℃、600℃和800℃区域，在每个区域停留5min，最后推进到1100℃的恒温区停留15min，每次推进瓷舟到位后立即退回进样推杆。

4) 燃烧—水解完成后，取下吸收器。关闭水蒸气发生器，待燃烧管内无水蒸气时关闭氧气，取下推样杆，用取样杆取出瓷舟，关闭冷凝水，关闭高温炉。

5) 将吸收瓶内冷凝液转入200mL烧杯中，将吸收瓶及导气管用少量水冲洗，洗液也转入烧杯内，加水至（140±10）mL。

6) 在盛有试样冷凝液的烧杯中滴入3滴溴甲酚绿指示剂，逐滴滴入氢氧化钠溶液以中和溶液至溶液颜色变蓝，继续加入1mL硫酸溶液、3mL硝酸钾饱和溶液和5mL氯化钠标准溶液，形成样品溶液。

(3) 空白溶液制备。应制备 3 个空白溶液用于滴定微分曲线和标定终点电位；除不加固体生物质燃料试样外，全部操作步骤与样品水解相同。

2. 电位滴定

(1) 准备工作。往 200mL 烧杯中加入约 150mL 水后放在滴定台上，往烧杯中放入搅拌子并插入银电极。将盛有硝酸钾饱和溶液的烧杯放在滴定台上，插入银—氯化银电极。将银电极引线和银—氯化银电极引线与毫伏计测量端连接，将盐桥插入上述两个烧杯中。开启电位滴定装置和搅拌器，观察毫伏计读数是否正常。

用水冲洗微量滴定管数次，接着用硝酸银标准溶液润洗 2~3 次，加硝酸银标准溶液至刻度，将微量滴定管安装在电位滴定装置对应位置上。

(2) 滴定微分曲线的绘制。将银电极和盐桥插入盛有空白溶液的烧杯，放入搅拌子，并开动搅拌器，缓慢滴入硝酸银标准溶液，每滴入 0.50mL 记录一次电位值 E；随着电位值增大，每滴入 0.10mL 记录一次电位值 E；临近终点时，每滴入 0.05mL 记录一次电位值 E。以加入硝酸银标准溶液体积 V 为横坐标，以单位体积硝酸银标准溶液引起的电位变化值 $\Delta E/\Delta V$ 为纵坐标，绘制微分曲线如图 6-4-3 所示。以 $\Delta E/\Delta V$ 峰值所对应的硝酸银标准溶液体积（即终点体积）作为标定终点电位的硝酸银标准溶液加入量。

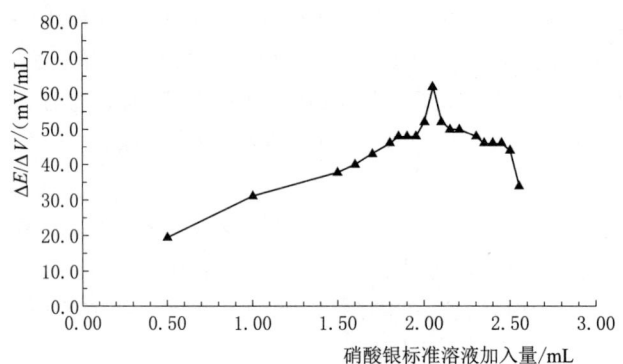

图 6-4-3 滴定微分曲线

【例 6-4-1】 某实验室绘制滴定微分曲线的数据见表 6-4-1，其对应的微分曲线如图 6-4-3 所示。可以看出，$\Delta E/\Delta V$ 峰值为 62.0mV/mL，对应终点体积为 2.05mL。

表 6-4-1   滴定微分曲线数据表

累计标准硝酸银标准溶液体积数值 V/mL	电位 E /mV	每次标准硝酸银加入量 ΔV/mL	电位变化值 ΔE/mV	$\Delta E/\Delta V$ /(mV/mL)
0.00	238.3	—	—	—
0.50	248.0	0.50	9.70	19.4
1.00	263.6	0.50	15.60	31.2
1.50	282.5	0.50	18.90	37.8

续表

累计标准硝酸银标准溶液体积数值 V/mL	电位 E /mV	每次标准硝酸银加入量 ΔV/mL	电位变化值 ΔE/mV	$\Delta E/\Delta V$ /(mV/mL)
1.60	286.5	0.10	4.00	40.0
1.70	290.8	0.10	4.30	43.0
1.80	295.4	0.10	4.60	46.0
1.85	297.8	0.05	2.40	48.0
1.90	300.2	0.05	2.40	48.0
1.95	302.6	0.05	2.40	48.0
2.00	305.2	0.05	2.60	52.0
2.05	308.3	0.05	3.10	62.0
2.10	310.9	0.05	2.60	52.0
2.15	313.4	0.05	2.50	50.0
2.20	315.9	0.05	2.50	50.0
2.30	318.3	0.05	2.40	48.0
2.35	320.6	0.05	2.30	46.0
2.40	322.9	0.05	2.30	46.0
2.45	325.2	0.05	2.30	46.0
2.50	327.4	0.05	2.20	44.0
2.55	329.1	0.05	1.70	34.0

（3）终点电位标定。将银电极和盐桥插入盛放空白溶液的烧杯，放入搅拌子，并开动搅拌器。缓慢滴入已确定滴入量的硝酸银标准溶液（如例 6-4-1，标定终点电位的硝酸银标准溶液滴入量为 2.05mL），记录此时的电位值。将银电极、盐桥和搅拌子冲洗干净后，取下一个空白溶液，按照上述操作进行电位测定。两次重复测定的电位值之差不应超过±3mV，取算术平均值作为滴定终点电位。

（4）样品溶液滴定。将银电极和盐桥插入盛有样品溶液的烧杯，放入搅拌子，并开动搅拌器。以先快后慢的速度滴入硝酸银标准溶液，当电位值达到标定的终点电位时，记录实际终点电位及硝酸银标准溶液加入量。计算硝酸银标准溶液用量时，实际终点电位每偏离标定的终点电位±1mV，硝酸银标准溶液用量应减去或加上 0.01mL，但偏离数不能超出±3mV。

【例 6-4-2】 某样品溶液滴定，实际终点电位为 312mV，硝酸银标准溶液加入量为 2.6mL，标定的终点电位为 310mV。实际终点电位偏离标定的终点电位+2mV，计算硝酸银标准溶液用量时应减去 0.02mL，即为 2.58mL。

六、实验结果与数据处理

1. 实验记录

实验数据按表 6-4-2 格式记录。

表 6-4-2　　　　　　　固体生物质燃料氯含量测定原始记录表

样品名称						样品外观		
实验项目	氯含量							
检测设备及状态								
仪器主要工作参数								
序号	试样质量 m/g	标准硝酸银溶液电位滴定					氯含量 Cl_{ad} /%	平均值 Cl_{ad} /%
		标定终点电位用量 V_0/mL	标定终点电位 /mV	实际终点电位 /mV	校正数 /mL	硝酸银标准溶液用量 V/mL		
实验心得与注意事项								

2. 实验数据处理

固体生物质燃料氯含量按式（6-4-1）计算，即

$$Cl_{ad} = \frac{(V-V_0) \times c \times M_{Cl}}{m} \times 100 \qquad (6-4-1)$$

式中　Cl_{ad}——空气干燥试样中氯含量，%；

　　　V——滴定试样溶液的硝酸银标准溶液用量，mL；

　　　V_0——标定终点电位对应的硝酸银标准溶液用量，mL；

　　　c——硝酸银标准溶液的浓度，mol/L；

　　　M_{Cl}——氯的毫摩尔质量，以 0.03545 计，g/mmol；

　　　m——样品质量，g。

3. 精密度

固体生物质燃料氯含量测定结果的重复性参照表 6-4-3。

表 6-4-3　　　　固体生物质燃料氯含量测定结果的重复性限　　　　　%

氯含量 Cl_{ad}	重复性限 [以 Cl_{ad}（绝对值）表示]	氯含量 Cl_{ad}	重复性限 [以 Cl_{ad}（绝对值）表示]
$Cl_{ad}<0.100$	0.010	$Cl_{ad}\geqslant 0.500$	0.050
$0.100\leqslant Cl_{ad}<0.500$	0.020		

4. 结果表述

实验结果取两次平行测定结果的算术平均值，测定值和报告值均修约到小数点后三位。

七、注意事项

（1）整个实验过程中随时观察水解装置的气密性，避免漏气造成实验误差。

(2) 高纯氧气属于助燃气体，氧气瓶要与高温水解炉保持安全距离。
(3) 在样品高温燃烧水解过程中，操作需戴耐高温手套，避免烫伤。
(4) 应及时向银—氯化银电极上端小孔中补充饱和氯化钾饱和溶液。

思 考 题

1. 简述电位滴定的原理。
2. 称量样品时在样品表面覆盖一层石英砂的目的是什么？
3. 简述实验中硝酸钾饱和溶液的作用。
4. 简述实验中盐桥的作用。

实验 6-5　固体生物质燃料灰熔融性测定

固体生物质
燃料灰熔融
性测定

一、实验介绍

灰熔融性反映了生物质灰在高温下的动态变化，是生物质燃烧等利用过程必须测定的指标；影响生物质灰熔融性的主要因素是灰的化学组成以及灰受热时所处的气氛。锅炉炉膛中的气氛有三种：弱还原性气氛、强还原性气氛和氧化性气氛。在工业锅炉的燃烧室中，一般形成以 O_2、CO、CO_2、H_2、CH_4 为主的弱还原性气氛，所以灰熔融性测定一般在弱还原性气氛中进行。控制弱还原性气氛可采取通气法和封碳法两种方法：通气法主要是使用易燃气体 H_2 或 CO，封碳法则是使用石墨粉、活性炭等碳物质，考虑到实验的安全性，通常采用封碳法。本实验将介绍利用智能灰熔融性测试仪，基于封碳法产生的弱还原性气氛，测定固体生物质燃料的灰熔融性，主要依据是 GB/T 30726—2014《固体生物质燃料灰熔融性测定方法》。

二、实验原理

称取一定量的空气干燥固体生物质燃料试样，将其灰化后制成一定尺寸的三角锥（简称灰锥）。在用封碳法产生的弱还原性气氛中，在程序升温条件下，观察灰锥随温度升高而发生的形态变化，记录变形（DT）、软化（ST）、半球（HT）和流动（FT）四个特征熔融温度。

三、实验目的及要求

（1）了解固体生物质燃料灰熔融性的测定原理。

（2）掌握固体生物质燃料灰熔融性的测定方法及操作。

四、仪器与试剂

（1）智能灰熔融性测试仪。典型的智能灰熔融性测试仪如图 6-5-1 所示，主要具备以下性能：

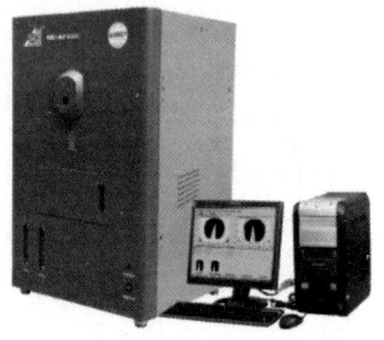

图 6-5-1　智能灰熔融性测试仪

1）有足够的恒温带，其各部位温差不大于 5℃。

2）能加热到 1500℃以上，可按照设定的升温速率升温。

3）热电偶及高温计：测量范围 0～1500℃，最小分度 1℃，校正后使用，在使用时热电偶需加气密刚玉套管保护。

4）能控制炉内气氛为弱还原性。

5）采用全智能模糊识别技术对图像进行实时处理，能在实验过程中观察灰锥形态变化情况。

6) 可同时测试多个灰锥。

(2) 调压变压器：容量 5～10kVA，调压范围 0～250V，可连续调压。

(3) 灰锥模具：由对称的两个黄铜或不锈钢半块构成，灰锥模具如图 6-5-2 所示。制得的试样为三角锥体，高 20mm，底边长为 7mm 的正三角形，锥体的一侧面垂直于底面。

(4) 马弗炉：炉膛具有足够的恒温区，能以 5℃/min 的速率升温并能保持在 (550±10)℃，炉内通风速度应满足实验过程中完全燃烧所需氧气。

(5) 耗材和试剂。主要包括以下部分：

1) 糊精溶液：10mL，浓度为 100g/L。将 1g 糊精（化学纯）溶于 10mL 蒸馏水中。

2) 碳物质：石墨粉 5g，活性炭 5g。

3) 刚玉杯：1个，耐温 1500℃以上。

4) 灰锥托板：1个，耐温 1500℃以上，灰锥托板如图 6-5-3 所示。

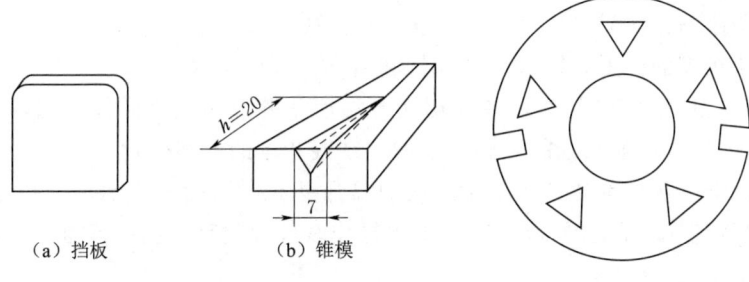

图 6-5-2　灰锥模具（单位：mm）　　　图 6-5-3　灰锥托板

5) 玛瑙研钵：1个。
6) 玻璃皿：1个。
7) 小尖刀：1个。
8) 吸管：1个。

五、实验方法与步骤

(1) 制备灰样。取一定量的固体生物质燃料试样置于马弗炉中，在 550℃下将其完全灰化，然后用玛瑙研钵研细至 0.1mm 以下。每次实验需 1～2g 灰样，固体生物质燃料试样量可根据其灰分含量估算。

【例 6-5-1】　某固体生物质燃料试样灰分含量 10%，制备 2g 灰则需要 20g 试样。

(2) 制备灰锥。

1) 灰样调制。称取约 1g 固体生物质燃料灰放在玻璃皿中，用吸管吸少量糊精溶液润湿，搅拌均匀并调成可塑状。

2) 灰样压模。组装灰锥模具，使其上表面在同一平面上，拧紧螺母。用小尖刀取少量调制灰样，填充到三角锥坑内的各棱角，用力压实，再取足够的调制灰样对整个灰锥体进行填充压实,不能有孔洞存在。整个灰锥体填实后,确保灰锥表面光滑平整。

3)灰锥脱模。用力固定住灰锥模具左右两边,将两螺母拧松,取下前挡板与螺母,在此过程中避免因模具两个半块相对位置改变导致灰锥变形。再将左右两边以固定轴为中心,来回挪动,将灰锥从模具上松动,最后将灰锥轻轻地转移至瓷板或玻璃板上,在空气中风干或60℃下烘干备用。

(3) 用糊精溶液润湿灰锥托板上的三角坑,放入灰锥,使灰锥垂直于底面的侧面与托板表面垂直。

(4) 开启计算机、智能灰熔融性测试仪、调压变压器、打印机。

(5) 打开操作软件,使高温炉下降,取下刚玉杯。

(6) 称取5g石墨粉放入刚玉杯中,轻轻摊平后再称取5g活性炭均匀覆盖在石墨粉上。

(7) 将装好灰锥的托板放在刚玉杯上,再将刚玉杯放到仪器上。

(8) 在操作软件中,需设置如下:

1) 升温速率:700℃以下为17.5℃/min;700℃以上为5℃/min。

2) 确认灰锥的位置,输入样品编号和名称,开始实验。

(9) 当炉温升到700℃时,系统切换升温速率并开始处理图像。同时在软件界面的图像框内显示当前灰锥的真彩色图像,观察灰锥的形态变化。

(10) 待全部灰锥都达到流动温度或炉温升至1500℃时停止加热,并开始降温。

(11) 当炉温降到200℃以下时,退出操作软件,关闭电脑、仪器及打印机。

六、实验结果与数据处理

1. 实验记录

实验数据按表6-5-1格式记录。

表6-5-1　　　固体生物质燃料灰熔融性测定原始记录表

样品名称				样品外观	
实验项目	灰熔融性				
检测设备及状态					
仪器主要工作参数					
实验序号	变形温度/℃	软化温度/℃	半球温度/℃	流动温度/℃	
1					
2					
平均值					
实验心得与注意事项					

2. 实验数据处理

在操作软件中回放整个实验过程,观察试样灰锥的变化情况,对照灰锥熔融特征示意图（图6-5-4），确认试样灰锥的四个特征温度值。

（1）变形温度，即灰锥尖端或棱开始变圆或弯曲时的温度，如图6-5-4中DT所示。当锥体收缩和倾斜，但锥尖依旧保持原形时，不能算变形温度。

（2）软化温度，即灰锥弯曲至锥尖触及托板或灰锥变成球形时的温度，如图6-5-4中ST所示。

（3）半球温度，即灰锥形变至近似半球形时的温度，此时高约等于底长的一半，如图6-5-4中HT所示。

（4）流动温度，即灰锥熔化展开成高度低于1.5 mm的薄层时的温度，如图6-5-4中FT所示。

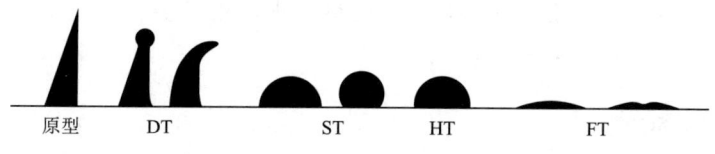

图6-5-4　灰锥熔融特征示意图

3. 精密度

固体生物质燃料灰熔融性测定的重复性限参照表6-5-2。

表6-5-2　固体生物质燃料灰熔融性测定的重复性限

特征温度	重复性限/℃	特征温度	重复性限/℃
DT	60	HT	40
ST	40	FT	40

4. 结果表述

实验结果取2次平行测定结果的算术平均值，测定值保留至个位，报告值化整到10℃报出。

七、注意事项

（1）实验时，挑选锥尖最好、锥体形状端正的灰锥，并且要干透。

（2）仪器使用一段时间后，石英玻璃镜片变脏会导致图像模糊，因此实验前需观察并及时更换。

（3）制作的灰锥不要调得太干或太湿，太干不易挤压成型，太湿则不易脱离模具。

（4）脱模的灰锥应以垂直于灰锥底面的侧面为底放置，否则灰锥干燥后有可能变弯，影响特征温度识别。

思　考　题

1. 简述封碳法测定固体生物质燃料灰熔融性的过程。
2. 在刚玉杯中放入石墨粉和活性炭的作用是什么？
3. 灰样调制的太干或太湿，分别对灰锥制备有何影响？

第6章 固体生物质燃料的基本燃料特性分析与测定

实验 6-6 固体生物质燃料着火温度测定

一、实验介绍

着火温度是指生物质受热后释放出足够的挥发分与周围大气形成可燃混合物的最低燃烧温度。在实际燃烧过程中，生物质着火温度受很多因素的影响，如原料种类与特性、装置类型、炉膛温度、料层厚度等，因此，生物质着火温度的测定对生物质样品的数量、粒度、干湿状态和加热速率都有明确的规范。本实验将结合着火温度测定装置介绍人工测定固体生物质燃料着火温度的方法，主要依据是 GB/T 18511—2017《煤的着火温度测定方法》。

二、实验原理

称取一定量的空气干燥固体生物质燃料试样，按一定比例与亚硝酸钠混合均匀，置于着火温度测定仪中，在一定的升温程序控制下加热直到试样突然燃烧。在此过程中，测量系统内空气体积会突然膨胀或升温速度骤然增快，此时的温度即为试样的着火温度。

三、实验目的及要求

（1）了解固体生物质燃料着火温度的测定原理。
（2）掌握固体生物质燃料着火温度的测定方法及操作。

四、仪器与试剂

（1）着火温度人工测定装置。人工测定着火温度装置如图 6-6-1 所示，主要包括以下部分：

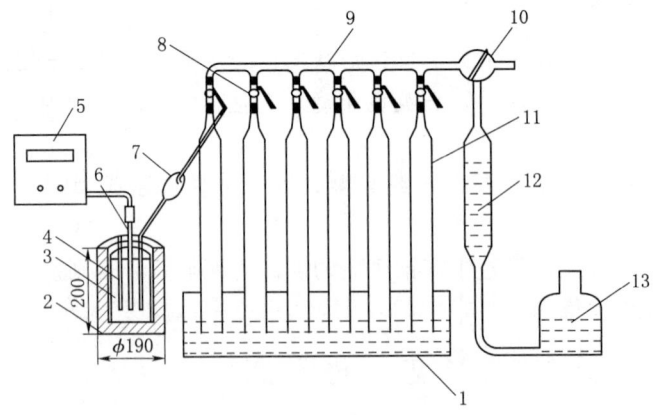

图 6-6-1 人工测定着火温度装置
1—水槽；2—加热炉；3—铜加热体；4—试样管；5—温度测控仪；6—测温热电偶；7—缓冲球；
8—量水管三通；9—排管；10—储水三通；11—量水管；12—储水管；13—水准瓶

1) 加热炉：圆形，能加热到600℃，温度可调。
2) 铜加热体：7孔，如图6-6-2所示。
3) 温度测控仪：控温范围为100～500℃，升温速率为4.5～5.0℃/min，测温精度1℃。
4) 试样管：6支，耐热玻璃材质，如图6-6-3所示。
5) 缓冲球：6个，玻璃材质，如图6-6-4所示。

（2）鼓风干燥箱：要求能够加热恒温在102～105℃，并带有自动控温装置。

（3）真空干燥箱：要求压力在53kPa以下，能够自动控温在50～60℃。

（4）分析天平：称量范围0～100g，感量0.1mg。

（5）称量瓶：2个，直径约40mm，高约25mm，玻璃材质，配有严密的磨口盖。

（6）干燥器：内装变色硅胶或粒状无水氯化钙。

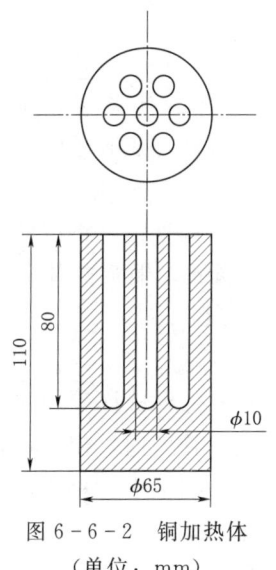

图6-6-2 铜加热体（单位：mm）

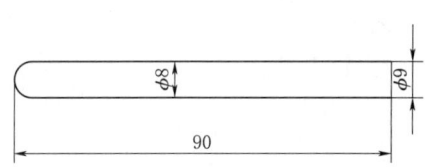

图6-6-3 试样管（单位：mm）

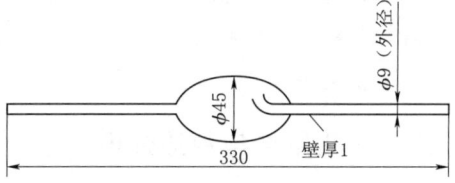

图6-6-4 缓冲球（单位：mm）

（7）玛瑙研钵：1个。

（8）亚硝酸钠：分析纯。

（9）实验用水：蒸馏水或去离子水。

五、实验方法与步骤

（1）将固体生物质燃料试样置于温度为55～60℃、压力为53kPa的真空干燥箱中干燥2h，随后放入干燥器中保存待用。

（2）将亚硝酸钠置于102～105℃的鼓风干燥箱中干燥1h，取出后放入干燥器中保存。将试样管清洗干净并烘干，放入干燥器中备用。

（3）按照图6-6-1所示连接装置。第一次连接或更换装置中任何管路中的备件，或打开管路中任何接口，或久置后重新连接，或长时间未使用，都需要进行气密性检查。装置气密性检查方法如下：①旋转储水管三通，使储水管与大气接通，向上移动水准瓶使储水管充满水；②旋转储水管三通，使储水管与排管接通，扭转量水管三通，使排管与量水管接通，再向下移动水准瓶，水槽内的水会进入量水管并上升；③水位上升到一定高度后，随即旋转量水管三通，将量水管与缓冲球连通。此时若量水管水位下降一定距离后立即停止，证明气密性良好，否则表明漏气，查找原因后重新检查气密性。

（4）把铜加热体放入温度低于100℃的加热炉内。

（5）称取已干燥的固体生物质燃料试样（0.1±0.01）g放入研钵中，加入（0.075±0.001）g已干燥过的亚硝酸钠，轻轻研磨约2min，使试样与亚硝酸钠混合均匀。

（6）从干燥器中取出试样管，将混匀后的试样小心转移至试样管中，将试样管与缓冲球仔细连接好，然后放入铜加热体孔中，将测温热电偶插入铜加热体中心孔内。

（7）按照步骤（3）再次进行装置气密性检查。

（8）着火温度测定装置上共有6根量水管，编号为1～6号，将试样管和与之连接的量水管一一对应，并做好标记和记录。旋转储水管和量水管三通，使储水管和1号量水管接通，通过移动水准瓶，使1号量水管充满水，为确保水位稳定，立即旋转1号量水管上的三通不再与储水管接通。按照此步骤依次将2～6号量水管充满水，然后旋转储水管三通，确保储水管不再与量水管接通。

（9）开启加热炉，以4.5～5.0℃/min的升温速度开始加热，当温度升至100℃后，每5min记录一次温度，温度升至200℃时旋转量水管三通，接通缓冲球与量水管，随时观察量水管水位，当水位突然下降时，记录此时的温度。

（10）实验完成后，关闭加热炉，整理并清洁实验用具。

六、实验结果与数据处理

1. 实验记录

实验数据按表6-6-1格式记录。

表6-6-1　　　　固体生物质燃料着火温度测定原始记录表

样品名称			样品外观	
实验项目	着火温度测定			
检测设备及状态				
仪器主要工作参数				
实验序号	1	2		平均值
着火温度/℃				
实验心得与注意事项				

2. 精密度

两次重复测定值的差值不大于6℃。

3. 结果表述

实验结果取2次平行测定结果的算术平均值，测定值和报告值均修约到个位。

七、注意事项

（1）在称量硝酸钠的过程中，称完一个试样后要及时盖好瓶盖，防止吸收空气中的水分，影响测定结果。

（2）干燥后的试样管保存在干燥器内，以防吸收空气中的水分，影响测定结果。

思 考 题

1. 测定固体生物质燃料着火温度时，加入亚硝酸钠的作用是什么？
2. 如果亚硝酸钠吸水，对测定结果有什么影响？
3. 判断试样着火温度的依据是什么？

实验 6-7　固体生物质燃料结渣性测定

一、实验介绍

结渣性是反映固体生物质燃料灰在气化或燃烧过程中成渣的特性，受灰分组成和含量双重因素的影响。本实验将结合结渣性测定仪介绍固体生物质燃料结渣性的测定方法，主要依据 NB/T 34025—2015《生物质固体燃料结渣性试验方法》。

二、实验原理

称取一定量的空气干燥固体生物质成型燃料试样，放入结渣性测定仪中，在一定鼓风强度下，用加热至灼红的木炭引燃，使其燃烧，燃尽后停止鼓风。待灰渣冷却后进行称量和筛分，以粒度大于 6 mm 的渣块占总灰渣质量的百分数作为试样的结渣率。

三、实验目的及要求

（1）了解固体生物质燃料结渣性的测定原理。

（2）掌握固体生物质燃料结渣性的测定方法及操作。

四、仪器与试剂

（1）结渣性测定仪。典型的结渣性测定仪如图 6-7-1 所示，主要由机体、烟气室、空气室、气化套、管路系统、流量计、空气针型阀等组成。机体主要起到组合机件的作用；烟气室和空气室具有便于观察空气流动、气压、聚气等功能；气化套是物料燃烧室；管路系统起到导流气体方向的作用；转子流量计是用于观察气体压力值的专用附件；空气针型阀是用于控制空气流量和压力的阀门。

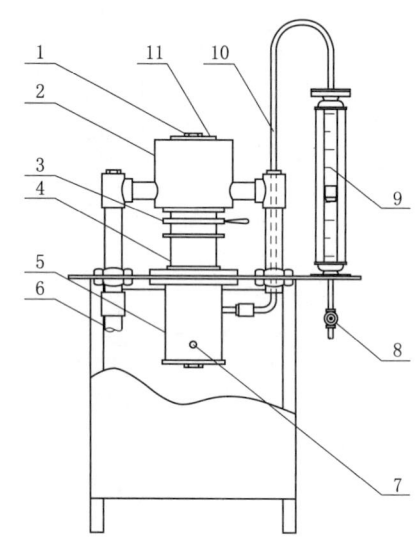

图 6-7-1　结渣性测定仪
1—观测孔；2—烟气室；3—锁紧螺筒；4—气化套；
5—空气室；6—烟气排出口；7—测压孔；8—空气
针型阀；9—流量计；10—进气管；11—顶盖

（2）分析天平：最大称量 1kg，感量 0.01g。

（3）电炉：额定电压 220V，额定功率 1kW。

（4）木炭：200g，无外来杂质的硬质木炭，粒度 3～6mm。

（5）鼓风机：风量不小于 12Nm³/h，风压不小于 4.9kPa（500mmH$_2$O 柱）。

（6）振筛机：往复式，频率（240±20）min^{-1}，振幅（40±2）mm。

(7) 圆孔筛：筛孔 3mm 和 6mm，并配有筛盖和筛底。

(8) 带孔铁铲：边高 20mm，面积 100mm×100mm，底面均布约 100 个直径为 2～2.5mm 的孔。

(9) U 形压力计：可测量压差不小于 4.9kPa。

(10) 铁漏斗：1 个，薄铁皮制成。大口直径 120mm，小口直径 45mm，高约 120mm。

(11) 小圆铁桶：1 个，容积 600cm³。

(12) 石棉板：1 个。

五、实验方法与步骤

(1) 用容积为 600cm³ 的小圆铁桶量取 600cm³ 的固体生物质成型燃料试样并称重（称准到 0.01g）。

(2) 将试样装入气化套中，并尽可能铺平。将气化套置于空气室和烟气室之间，放上垫圈，用锁紧螺筒固紧。

(3) 称取约 20g 粒度均匀的木炭，放在带孔铁铲内，尽可能将木炭铺平。将铁铲平放在电炉上，加热木炭至灼红。

(4) 开启鼓风机，调节空气针型阀，使流量计读数不超过 2Nm³/h。

(5) 打开仪器顶盖，插入铁漏斗，将灼红的木炭倒在试样表面，取下铁漏斗，拧紧顶盖。

(6) 每个试样分别在 2Nm³/h、4Nm³/h 和 6Nm³/h（对应鼓风强度依次为 0.1m/s、0.2m/s 和 0.3m/s）三种空气流量下进行测定。调节空气流量达到规定值，开始计时。需要注意的是：在空气流量为 4Nm³/h 和 6Nm³/h 进行测定时，先使空气流量在 2Nm³/h 下保持 3min，然后调节空气流量达到规定值。

(7) 测定过程中，如果空气流量偏离规定值，及时回调。从与测压孔相接的压力计读取料层最大阻力。

(8) 当从观测孔观察到试样燃尽，立即关闭鼓风机，记录反应时间。

(9) 待气化套冷却后，旋松锁紧螺筒，取下垫圈、气化套，并轻轻倒出全部灰渣，称重。

(10) 在振筛机上叠放好 6mm 筛子和筛底，将称重后的灰渣全部转移到筛子上，盖好筛盖。

(11) 启动振筛机，振动 30s 后关闭振筛机。收集 6mm 筛子上的渣块，并称重。

(12) 每个试样分别在 2Nm³/h、4Nm³/h 和 6Nm³/h 空气流量下重复测定两次。

六、实验结果与数据处理

1. 实验记录

实验数据按表 6-7-1 格式记录。

表 6-7-1　　　　　　固体生物质燃料结渣性测定原始记录表

试样名称							试样外观		
实验项目				结渣性					
检测设备及状态									
仪器主要工作参数									
空气流量 /(Nm³/h)	试样质量 /g	最大阻力 /kPa	反应时间 /min	木炭中灰分的质量 /g	总灰渣质量 /g	粒度大于6mm的灰渣质量 /g	结渣率 /%	平均值 /%
2								
4								
6								
实验心得与注意事项									

2. 实验数据处理

生物质固体成型燃料结渣率按式（6-7-1）计算，即

$$C_{\text{lin}} = \frac{m_1}{m - m_2} \times 100 \tag{6-7-1}$$

式中　C_{lin}——固体生物质成型燃料试样结渣率，%；

　　　m——总灰渣质量，g；

　　　m_1——粒度大于6mm的灰渣质量，g；

　　　m_2——木炭中灰分的质量，g。

3. 精密度

结渣性测定实验的每一试样分别按 2Nm³/h、4Nm³/h 和 6Nm³/h 三种空气流量做重复测定，两次重复测定结果的差值不大于 5.0%（绝对值）。

4. 结果表述

实验结果取两次平行测定结果的算术平均值，测定值和报告值均修约到小数点后一位。

5. 结渣性强度

结渣性强度区域图如图 6-7-2 所示，以空气流量 2Nm³/h、4Nm³/h 和 6Nm³/h 的平均结渣率绘制结渣性曲线图，曲线全部处于弱结渣区，试样属弱结渣性；曲线全部或部分处在强结渣区，试样属强结渣性；其他属于中等结渣性。

七、注意事项

（1）将灰渣取出、称量和放入筛子的过程中，注意避免任何外力的破坏。

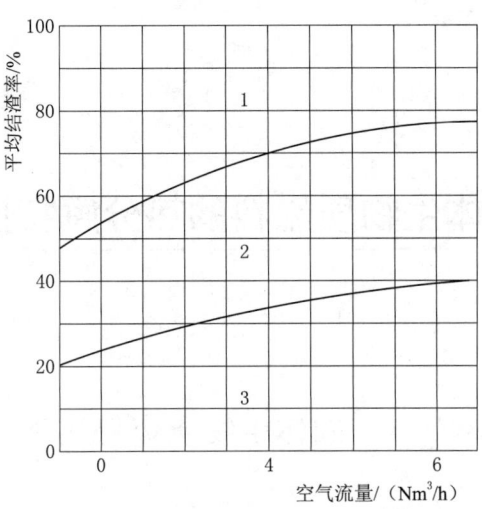

图 6-7-2 结渣性强度区域图
1—强结渣区；2—中等结渣区；3—弱结渣区

（2）转移灼红的木炭时，需戴耐高温手套，防止烫伤。

思 考 题

1. 在空气流量为 $4Nm^3/h$ 和 $6Nm^3/h$ 进行测定时，为什么应先使风量在 $2Nm^3/h$ 下保持 3min？
2. 结渣性测定中，鼓风流量和鼓风强度如何换算？
3. 结渣性与灰熔融性在反映固体生物质燃料灰特性上有何区别？

第7章　固体生物质燃料的热分解特性分析与测定

实验 7-1　固体生物质燃料热重分析

固体生物质燃料热重分析

一、实验介绍

不同固体生物质燃料的化学组成和热稳定性存在一定的差异，导致其热转化过程十分复杂。为了更加高效地利用固体生物质燃料，需要深入了解其在不同温度下的热分解特性。热分析技术是在程序控温下研究物质各种转变和反应的一种分析测试方法，适用于脱水、结晶—熔融、蒸发以及各种无机和有机材料的热分解过程和反应动力学等问题。热重法是一种非常重要的热分析技术，能够在程序控温下测量物质的质量随温度或时间的变化关系。该技术在研究固体生物质燃料热转化过程中具有简单、方便、快捷等特点。通过对热失重曲线分析，可以研究固体生物质燃料组分的热稳定特性，获取相应的反应动力学参数，探究热转化反应机理，为优化反应工况及反应器设计提供理论依据。

二、实验原理

热重分析仪（Thermogravimetric analyzer，TGA）是一种利用热重法分析物质质量随温度变化的仪器，主要由微量天平、加热炉、温度程序控制器和计算机等组成，其工作原理如图 7-1-1 所示。加热炉的升温过程由温度程序控制器控制，温控信号经放大后送入计算机处理。随着温度的升高，坩埚中的固体生物质燃料试样开始受热分解，引起质量变化；质量变化通过电传感器转化成直流电信号，并经测重放大器放大后反馈至天平动圈，最终电信号被传送到计算机中处理。通过计算机记录固体生物质燃料试样在程序升温过程中质量与温度的对应关系，获得固体生物质燃料的热重曲线。

图 7-1-2 (a) 所示为热重曲线（TG 曲线），该曲线以质量损失为纵坐标，从上向下表示质量减少；以温度为横坐标，自左向右表示温度增加。从热重法可派生出微商热重法（DTG），它是 TG 曲线对温度的一阶导数。以物质的质量变化速率对温度作图，即得 DTG 曲线，如图 7-1-2 (b) 所示；DTG 曲线上的峰面积对应着固体生物质燃料试样的失重质量。

实验 7-1　固体生物质燃料热重分析

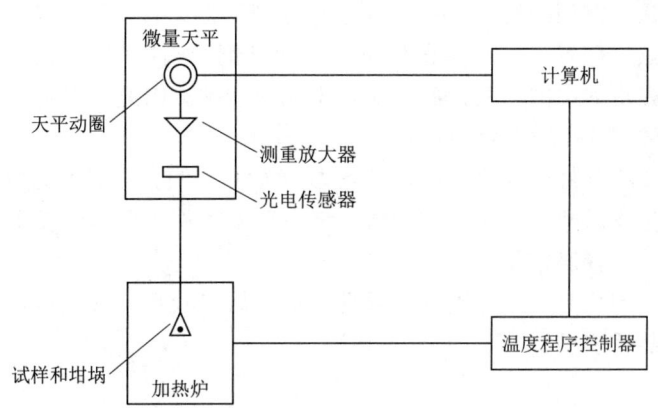

图 7-1-1　热重分析仪的实验原理

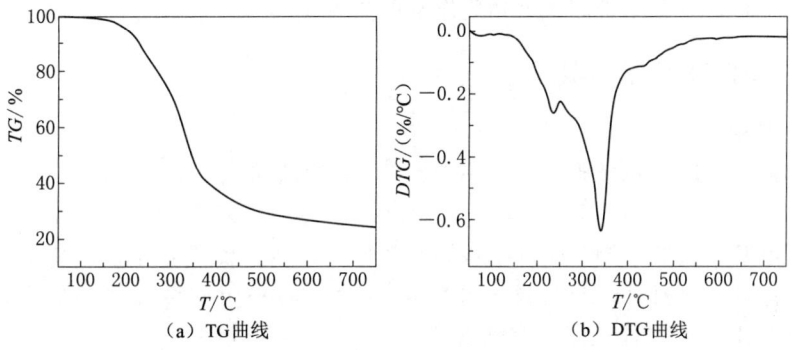

（a）TG 曲线　　　　（b）DTG 曲线

图 7-1-2　TG 曲线与 DTG 曲线

三、实验目的及要求

（1）了解热重分析的基本原理及仪器装置。
（2）掌握固体生物质燃料热重分析方法。

四、仪器与试剂

1. 热重分析仪

典型的热重分析仪如图 7-1-3 所示，其工作温度范围一般为室温至 1000℃，温度分辨率为 0.01~0.1℃，升温速率在 0.1~50℃/min 范围内调节，仪器最大载重量一般为 2000mg，热天平分辨率为 0.1μg。

图 7-1-3　热重分析仪

2. 实验配套用具

（1）电子天平：要求感量不低于 0.1mg。
（2）坩埚：热重分析实验用到的坩埚主要包括陶瓷坩埚、铂金坩埚、氧化铝坩埚等。

139

陶瓷坩埚是最常用的坩埚之一，熔点高达1700℃，具有耐高温，且不易与试样发生反应等优点。但是，在高温条件下，碱性试剂会与陶瓷坩埚发生反应。例如，碳酸钠可与陶瓷坩埚中的二氧化硅反应，生成硅酸钠。因此，陶瓷坩埚不适用于掺混有碱性物质的固体生物质燃料试样。

铂金坩埚具有很好的导热性能，熔点为1770℃。铂金坩埚不适用于富含磷、硫等元素的固体生物质燃料。这是因为磷、硫在高温条件下会与铂发生反应形成脆性的磷化铂、硫化铂，腐蚀铂金坩埚。

氧化铝坩埚同样具有很好的热传导性，但其熔点较低（600℃），因此仅适用于低温条件下的热重实验。

3. 载气

载气通常分为氧化性气体（空气、O_2，要求O_2纯度不低于99%）和惰性保护气体（N_2、Ar、He等，要求纯度不低于99.99%），前者用于固体生物质燃料的燃烧或气化实验，后者用于固体生物质燃料的热解实验。

五、实验方法与步骤

1. 样品制备

将固体生物质燃料破碎成粒径小于0.2mm的试样，并于105℃条件下干燥4h。

2. 开机

打开电脑和仪器；调节循环水恒温水浴，若出水口流量较小，调整水桶位置使管路中气泡排出；打开气瓶，载气输入压力约为0.15MPa。实验开始前需要提前通气30min以上，以保证仪器工作气氛环境。

3. 参数设定

打开软件，进入参数设定模块，设置实验名称、载气流量、初始温度、终止温度、升温速率等参数。通常固体生物质燃料热重实验参数可以设定如下：载气选择为氮气，流量为50mL/min，初始温度为50℃，终止温度为800℃，升温速率为20℃/min。

4. 空白实验

实验前需进行空白实验，即在热重分析仪中放入空白坩埚进行实验，得到基线数据。放置坩埚时要小心轻放，不可晃动传感器；空白实验主要用于消除浮力效应造成的TG曲线漂移。

5. 称样

先将空白坩埚放入热重分析仪中去皮，然后用电子天平称量5~10mg固体生物质燃料试样放入坩埚中，尽可能将试样平铺到坩埚底部，且样品装填不得大于坩埚容积的1/3。

6. 测定

将装有样品的坩埚放入热重分析仪中，检查实验设置参数和数据保存路径，确认无误后方可开始实验。

7. 数据处理

从计算机直接导出样品的失重质量、失重速率随温度的变化数据。

8. 关机

加热炉温度降至50℃以下，方可取出坩埚。依次关闭电脑、仪器电源、载气和循环水阀门。

六、实验结果与数据处理

1. 根据实验数据绘制 TG-DTG 曲线

固体生物质燃料主要由纤维素、半纤维素和木质素构成。因此，固体生物质燃料的热解也往往被认为是三种组分热解过程的综合效应。图 7-1-4 所示为 N_2 氛围下稻壳热重实验结果，随着温度的升高，热解过程可分为四个阶段。

第一阶段是稻壳干燥阶段，温度区间为室温至115℃，在此阶段，稻壳中的自由水随着温度的升高而脱除，TG曲线出现显著的下降趋势，DTG曲线则相应地出现一个较小的失重峰。稻壳样品越干燥，TG曲线下降越平缓，对应的DTG曲线峰值也越小。

第二阶段为稻壳预热解阶段，温度区间为115~230℃，在此阶段，稻壳发生"玻璃化转变"，纤维素和半纤维素发生部分解聚反应，但没有形成挥发性物质，质量变化不明显，TG曲线比较平缓，DTG曲线中失重速率近乎为0。

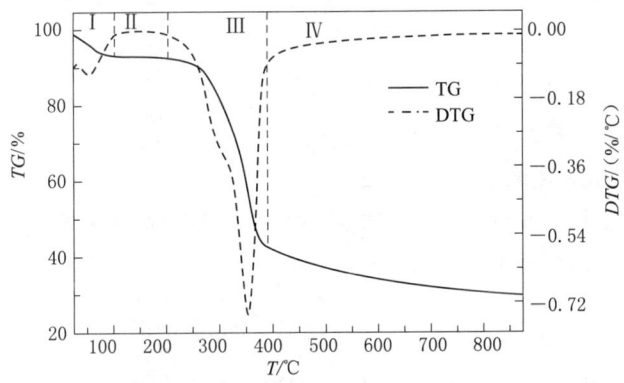

图 7-1-4　稻壳在升温速率为 20℃/min 时 TG-DTG 曲线

第三阶段为稻壳主要热解阶段，温度区间为230~450℃，在此阶段，稻壳中纤维素、半纤维素、木质素发生解聚和裂化，生成大量的可挥发性产物，包括不可冷凝气体、水和可冷凝的有机物等。TG曲线骤然下降，失重约53%。此时，DTG曲线分别在300℃和350℃出现一个肩峰和一个明显的主峰，前者主要是由于半纤维素热解所致，而后者则主要与纤维素有关。通常而言，纤维素、半纤维素和木质素的热稳定性强度为：木质素＞纤维素＞半纤维素。尽管木质素具有良好的热稳定性，但其丰富的侧链可在较低温度下断开，因此木质素热解区间跨度最大。

第四阶段为稻壳炭化阶段，随着温度继续升高，热解残渣缓慢分解和炭化，生成的挥发性产物较少，TG和DTG曲线趋于平缓。当温度高于600℃时，稻壳热解基本完成。

2. 热解动力学分析

固体生物质燃料的热解动力学主要研究热转化过程中反应温度、反应时间等参数对热解反应速率的影响。通过热解动力学分析，可深入了解固体生物质燃料在热转化过程中的反应机制，预测反应速率及反应难易程度。

对于固体生物质燃料热解动力学的研究，已有不少学者提出多种模型。其中较为经典的是 Coats‐Redfern 法，该方法认为热解过程符合单一反应动力学模型，在分析固体生物质燃料热解动力学中取得了较好的效果。

固体生物质燃料热解动力学可以表示为

$$\frac{d\alpha}{dt}=k(T)f(\alpha) \tag{7-1-1}$$

式中　t——时间，min；
　　　α——样品的转化率，%；
　　　T——绝对温度，K；
　$k(T)$——反应速率常数；
　$f(\alpha)$——反应机理函数。

样品的转化率 α 可表示为

$$\alpha=\frac{m_0-m_t}{m_0-m_\infty} \tag{7-1-2}$$

式中　m_0——样品初始质量，mg；
　　　m_t——t 时刻样品质量，mg；
　　　m_∞——样品最终剩余质量，mg。

固体生物质燃料热解动力学研究最基本的假设是反应速率常数 $k(T)$ 和温度 T 的关系符合 Arrhenius 公式，即

$$k(T)=A\exp\left(-\frac{E}{RT}\right) \tag{7-1-3}$$

式中　A——指前因子，主要表征固体生物质燃料热转化过程中反应剧烈程度，指前因子数值越大，表明反应越剧烈，$\min^{-1}$；
　　　E——活化能，指实现原子间化学键破坏所需的最小能量，其大小与温度无关，kJ/mol；
　　　R——气体常数，取值 8.31J/(mol·K)。

将式 (7-1-3) 代入式 (7-1-1) 可得式 (7-1-4)，即

$$\frac{d\alpha}{dT}=\frac{A}{\beta}\exp\left(-\frac{E}{RT}\right)f(\alpha) \tag{7-1-4}$$

式中　β——升温速率，K/min。

函数 $f(\alpha)$ 的形式一般与反应类型或反应机制有关。通常，可假设 $f(\alpha)$ 仅与转化率有关，而与温度和时间无关。因此，可采用 $f(\alpha)=(1-\alpha)^n$ 对简单反应进行描述，其中 n 为反应级数，该方法称为预置模型法。

采用 Coats‐Redfern 法对式 (7-1-4) 进行变换积分，可得式 (7-1-5)，即

$$G(\alpha) = \int_0^\alpha \frac{d\alpha}{(1-\alpha)^n} = \frac{A}{\beta} \int_0^T \exp\left(-\frac{E}{RT}\right) dT \qquad (7-1-5)$$

$G(\alpha)$ 是 $f(\alpha)$ 的积分函数，式（7-1-5）进一步计算可得式（7-1-6），即

$$\int_0^\alpha \frac{d\alpha}{(1-\alpha)^n} = \frac{ART^2}{\beta E}\left(1 - \frac{2RT}{E}\right)\exp\left(-\frac{E}{RT}\right) \qquad (7-1-6)$$

对式（7-1-6）两边取自然对数，可得式（7-1-7）和式（7-1-8），即

$$\ln\left[\frac{-\ln(1-\alpha)}{T^2}\right] = \ln\left[\frac{AR}{\beta E}\left(1 - \frac{2RT}{E}\right)\right] - \frac{E}{RT}(n=1) \qquad (7-1-7)$$

$$\ln\left[\frac{1-(1-\alpha)^{1-n}}{T^2(1-n)}\right] = \ln\left[\frac{AR}{\beta E}\left(1 - \frac{2RT}{E}\right)\right] - \frac{E}{RT}(n \neq 1) \qquad (7-1-8)$$

对于一般的反应温区和大部分 E 值来说，$-\frac{E}{RT} \gg 1$，$1 - \frac{2E}{RT} \approx 1$，因此，式（7-1-7）和式（7-1-8）可以简化为式（7-1-9）和式（7-1-10），即

$$\ln\left[\frac{-\ln(1-\alpha)}{T^2}\right] = \ln\frac{AR}{\beta E} - \frac{E}{RT}(n=1) \qquad (7-1-9)$$

$$\ln\left[\frac{1-(1-\alpha)^{1-n}}{T^2(1-n)}\right] = \ln\frac{AR}{\beta E} - \frac{E}{RT}(n \neq 1) \qquad (7-1-10)$$

令 $y = \ln\left[\frac{-\ln(1-\alpha)}{T^2}\right](n=1)$ 或 $\ln\left[\frac{1-(1-\alpha)^{1-n}}{T^2(1-n)}\right](n \neq 1)$，$x = -\frac{1}{T}$，$a = -\frac{E}{R}$，$b = \ln\frac{AR}{\beta E}$，则有 $y = ax + b$。对其进行线性拟合可确定直线斜率 a 与截距 b，进而计算反应活化能 E 和指前因子 A。

七、注意事项

（1）在实验过程中，保持实验台平稳。

（2）实验开始前，务必确认电源线路、进气管道、冷却水管道连接正常。

（3）确保坩埚选择适当，样品不能与坩埚发生反应，且实验温度不能高于坩埚的使用温度。

思 考 题

1. 利用热重分析法分析样品时可以得到哪些信息？

2. 在热重分析实验过程中，有哪些因素会影响测量准确度？可以采取什么措施提高测量准确度？

3. TG 曲线有时会出现锯齿峰，试分析产生这种现象的原因。

4. 升温速率不同是否会对活化能和指前因子造成影响？

实验 7-2　固体生物质燃料热重红外分析

固体生物质燃料热重红外分析

一、实验介绍

固体生物质燃料在热转化过程中会产生多种挥发性气相产物，同步识别这些挥发分的种类及性质，有助于探究固体生物质燃料热转化反应机理。热重-红外联用仪（TG-FTIR）结合了热重分析仪（TG）和傅里叶红外光谱仪（FTIR）的特点，不仅能够直接测定固体生物质燃料分解特性，研究其热解动力学，而且能够对其热解过程中产生的挥发分进行实时检测，有助于理解热转化机理，控制热转化过程。这不但扩大了仪器的应用范围，节省了实验费用和时间，更提高了分析测定结果的准确性和可靠性，因此，TG-FTIR已成为研究固体生物质燃料热稳定性和热转化过程的重要实验手段。

二、实验原理

TG-FTIR 由 TG 和 FTIR 两部分构成，其实验原理如图 7-2-1 所示。在一定的升温程序控制下，固体生物质燃料在 TG 中发生分解，产生的挥发分在吹扫气的携带作用下，经由恒定高温的传输管线进入 FTIR 的玻璃气体池中，并被检测。依据获得的红外光谱信息，可以绘制反应温度、吸收强度、波数（产物）之间的三维关系图。根据振动谱可以确定关键官能团，从而明确热分解产物的组分构成，有助于深入研究固体生物质燃料热转化机理。

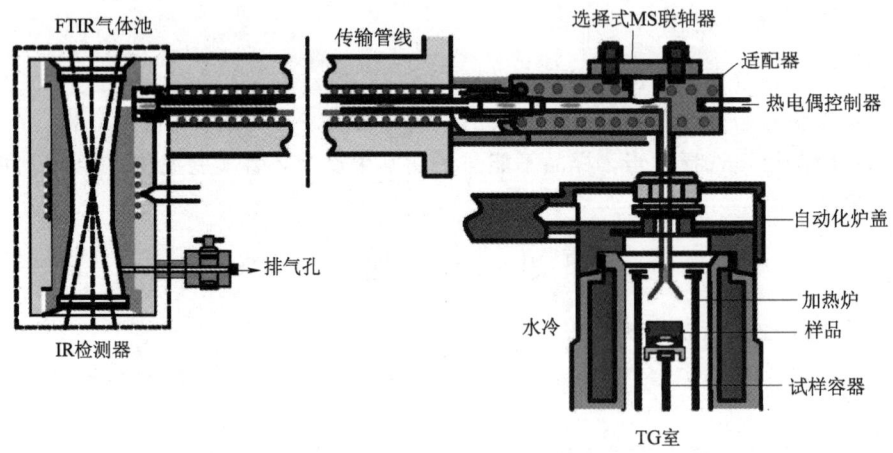

图 7-2-1　TG 与 FTIR 耦合原理图

三、实验目的及要求

(1) 了解热重—红外联用仪的工作原理。
(2) 掌握固体生物质燃料热重—红外联用仪的方法及操作步骤。

四、仪器与试剂

1. 热重—红外联用仪

典型的热重—红外联用仪如图7-2-2所示，热重分析仪的技术参数与实验7-1固体生物质燃料热重分析相同。傅里叶红外光谱仪的光谱范围一般为7800～350cm^{-1}，要求仪器的光谱分辨率优于0.2cm^{-1}，光谱精度优于0.005cm^{-1}；热重分析仪和红外光谱仪之间的传输管最高工作温度一般为300℃。

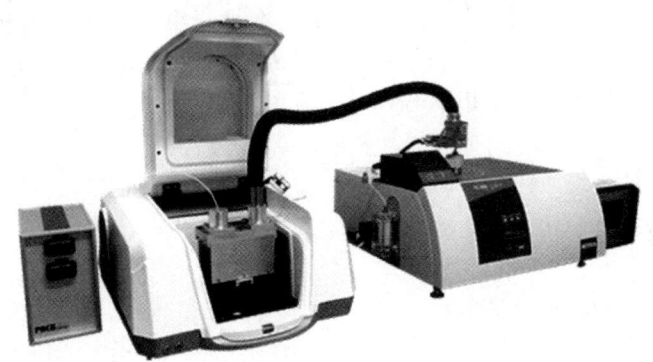

图7-2-2 热重—红外联用仪示意图

2. 实验配套用具

(1) 电子天平：要求感量不低于0.1mg。

(2) 坩埚：主要有陶瓷坩埚、铂金坩埚、氧化铝坩埚等。

3. 载气

载气通常分为氧化性气体（空气、O_2，要求O_2纯度不低于99%）和惰性保护气体（N_2、Ar、He，要求纯度不低于99.99%）。

五、实验方法与步骤

1. 样品制备

按照实验7-1固体生物质燃料热重分析的实验方法准备待测固体生物质燃料试样。

2. 开机

打开电脑、热重分析仪、红外分析仪和循环冷却泵电源，并打开载气瓶。

3. 参数设置

打开热重分析软件，设置载气流速、循环冷却泵流量和升温程序等参数；打开傅里叶红外光谱软件，设置控制器加热温度、扫描范围、波数分辨率、扫描次数等参数；设置传输管温度。典型参数设置如下：

(1) 热重分析仪：载气选择为氮气、气瓶减压阀压力为0.15MPa、载气流速为60mL/min；循环冷却泵流量为50mL/min；初始温度为50℃、终止温度为800℃、升温速率为20℃/min。

(2) 红外光谱仪：控制器加热温度为 280℃、扫描范围 4000～400cm^{-1}、波数分辨率 4cm^{-1}、扫描次数 32 次。

(3) 传输管：温度为 220℃。

4. 空白实验

实验前需进行空白实验，即在热重分析仪中放入空白坩埚进行实验，得到基线数据。

5. 称样

首先在热重分析仪上对空坩埚进行去皮，然后在电子天平上利用差减法称量 5～10mg 固体生物质燃料试样于坩埚中。当红外检测信号较弱时，可以适当增加试样用量，但样品装填不得大于坩埚容积的 1/3。

6. 测定

将装有样品的坩埚放入热重分析仪中，待示数稳定后称重，并检查实验设置参数和数据保存路径，确认无误后方可开始实验。

7. 数据处理

分别得到热重和红外光谱数据，导出数据。

8. 关机

炉温降至 50℃以下时方可取出坩埚，依次关闭电脑、仪器电源开关、载气和循环水阀门。

六、实验结果与数据处理

利用 TG-FTIR 实验，可获得包含波数、吸光度和时间（热解温度）的三维红外光谱图，通过分析能够获得热转化过程中挥发分的释放规律及趋势。

图 7-2-3 为在升温速率为 20℃/min 时玉米芯热解产物逸出的三维红外谱图，表 7-2-1 为玉米芯热解产物的红外图谱解析。由图可看出，玉米芯在不同热解阶段析出的产物不同。在热解初期，玉米芯热解产生的气态物质主要为 H_2O（3572cm^{-1}）、CH_4（2997cm^{-1}）、CO_2（2377cm^{-1}）和 CO（2146cm^{-1}）等轻质气体。随着热解温度升高，大部分吸收峰都明显增强。此时，除轻质气体外，还有部分酸类、醇类、脂类、醛类等有机物相继析出。到热解后期时，热解产物的吸收峰降低并趋于平稳。为了更加直观地分析热解产物的挥发特性，对不同温度条件下的二维红外光谱图进行分析，如图 7-2-4 所示。3950～3450cm^{-1} 处的吸收峰为酚 O—H 和醇 O—H 的伸缩振动，而 3572cm^{-1} 处的吸收峰是由 H_2O 导致的；3050～2670cm^{-1} 的吸收峰对应于 CH_4 中 C—H 的伸缩振动；2174～2110cm^{-1} 的吸收峰对应于 CO；2400～2260cm^{-1} 和 730～500cm^{-1} 的吸收峰表明有 CO_2 的生成。H_2O、CH_4、CO_2 和 CO 等气体的吸收峰强度随着热解温度的升高呈现出先升高后降低的趋势。1860～1600cm^{-1} 的尖峰是由酸、醛、酮等含羰基（C=O）产物引起的，其强度与四种气体的变化趋势类似，这与半纤维素和纤维素发生热分解有关。1580～1470cm^{-1} 的吸收峰对应于苯环 C=C 的伸缩振动，其强度变化不大，主要来源于木质素的缓慢热解。1400～1320cm^{-1} 的吸收峰主要来源于具有复杂侧链的芳香族化合

物中酚O-H和醇O-H的弯曲振动。1300～940cm^{-1}处的吸收峰较为复杂，对应于C-C、C-O-C和R-OH等的伸缩振动，表明玉米芯热解过程中生成了呋喃类、脂肪类、醇类和碳水化合物等物质。

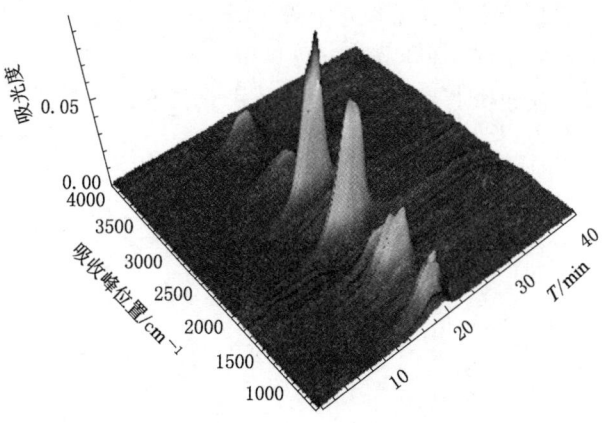

图7-2-3　20℃/min升温速率下玉米芯热解产物逸出的三维红外谱图

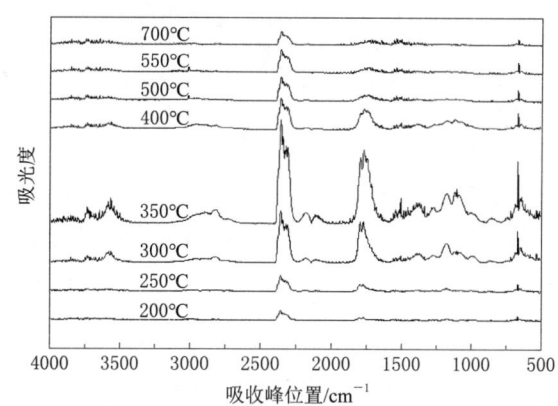

图7-2-4　20℃/min升温速率下玉米芯热失重过程红外谱图

表7-2-1　　　　　　玉米芯热解产物的红外谱图解析

吸收峰位置/cm^{-1}	吸收峰基团归属	吸收峰位置/cm^{-1}	吸收峰基团归属
3950～3450	酚O-H、醇O-H	1860～1600	C=O
3050～2670	C-H	1580～1470	C=C
2400～2260	CO_2	1400～1320	酚O-H、醇O-H
2174～2110	CO	1300～940	C-C、C-O-C、R-OH

七、注意事项

（1）实验前先开启载气钢瓶，并确保循环冷却泵能够正常工作。

（2）及时更换红外光谱仪中干涉仪腔体内的分子筛干燥剂。

（3）开启气体传输管加热时，切勿触碰气体传输管，以免烫伤。

（4）实验前坩埚要清理干净，避免影响实验结果。

思 考 题

1. 实验前为何需要对实验样品进行干燥？
2. 为什么必须控制试样粒径不能过大？
3. 样品用量过多或较少分别对实验结果造成哪些不良影响？

实验 7-3　固体生物质燃料原位红外分析

一、实验介绍

固体生物质燃料组分差异大、热转化过程复杂，对热解产物进行动态监测，明确反应过程中各官能团的演变特性，实时反映化学反应、相变、分子构型变化，有助于深入分析热解反应机理并明确热解特性。原位红外光谱分析技术可通过直接检测热转化过程中固体生物质燃料表面上的红外信号，方便地跟踪鉴定反应中间态和产物，已成为分析生物质热转化反应机理的重要手段。该技术具有环境适应能力强、测量速度快、灵敏度高、无损检测等优势，广泛应用于物质表征、反应动力学、结晶动力学、固化动力学等方面的研究。

原位红外光谱技术主要分为原位透射（吸收）红外、原位发射红外和原位反射红外三类。其中，原位透射红外需要制样，导致测定结果有一定误差，且对非均匀、散射的测试对象存在部分的失真。为了解决这一问题，漫反射技术得到发展，该技术对样品透明度或表面光洁度要求较低，具有无须制样、不会影响样品形态等特点，适合于固体粉末样品表征。

固体生物质燃料原位红外分析

二、实验原理

原位漫反射红外光谱系统如图 7-3-1 所示，主要由傅里叶红外光谱仪、原位池、漫反射附件、真空系统、气源、净化与压力测量装置、加热与温度控制装置组成。原位池加装在红外光谱仪样品室的漫反射附件中，通过真空系统、压力装置、温控装置等实现对气氛、压力、温度等实验参数的调控。漫反射原位池结构及附件光路如图 7-3-2 和图 7-3-3 所示。在原位红外分析过程中，先将固体生物质燃料试样放入原位池中，光谱仪光源发出的红外辐射光束会聚在固体生物质燃料表面并进行折射、散射、反射和吸收，当部分辐射再次穿出固体生物质燃料试样表面时，即是漫反射

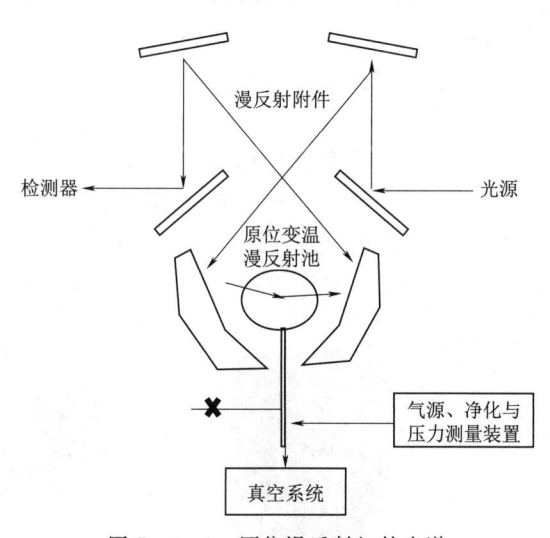

图 7-3-1　原位漫反射红外光谱系统示意图

光。随着对固体生物质燃料加热，试样表面分子结构、官能团发生变化，光谱仪实时捕捉、记录、处理漫反射光的变化，并生成测定结果，即实现对固体生物质燃料热解反应过程的瞬时跟踪。同时，通过改变温度、压力、气氛等实验参数，可从红

外峰位、峰高、峰形等角度分析参数变化对样品带来的影响。由于红外峰强度与物质浓度成正比，因此也可以得到反应动力学的相关信息。

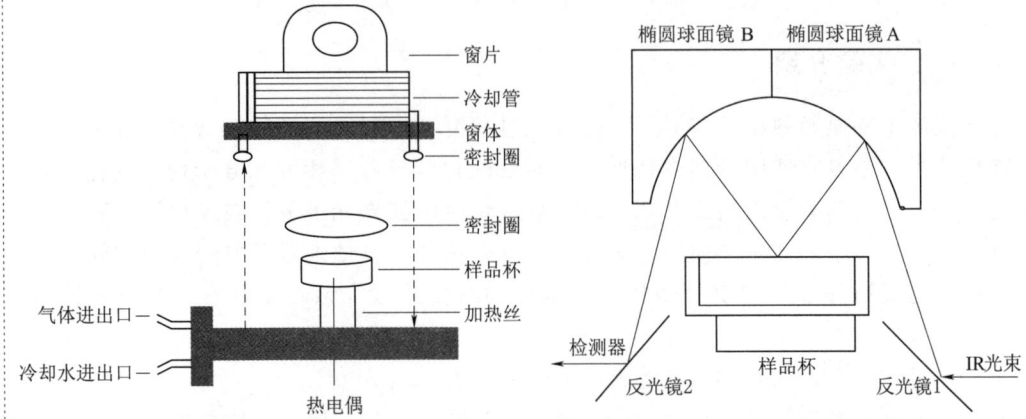

图7-3-2 漫反射原位池结构示意图　　图7-3-3 漫反射附件光路示意图

三、实验目的及要求

（1）了解原位漫反射红外光谱分析的实验原理、基本部件及其作用。

（2）掌握原位漫反射红外光谱分析的实验方法。

（3）掌握重要官能团及典型有机化合物的特征吸收频率。

四、仪器与试剂

1. 原位漫反射傅里叶红外光谱仪

典型的原位漫反射傅里叶红外光谱仪主要由傅里叶红外光谱仪（图7-3-4）及漫反射附件、原位池、温控仪等附件（图7-3-5）组成。

图7-3-4 傅里叶红外光谱仪

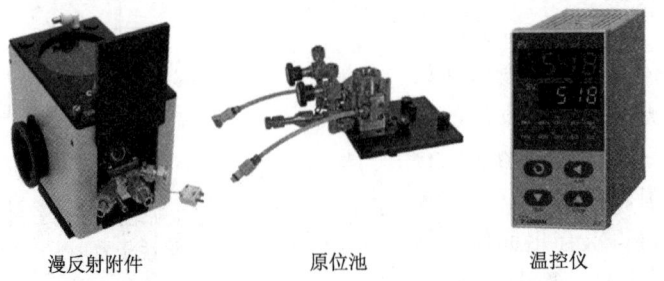

漫反射附件　　　　原位池　　　　温控仪

图7-3-5 傅里叶原位红外附件

2. 实验配套用具

实验配套用具主要包括：玛瑙研钵、红外干燥箱、刮刀、吸尘器、螺丝刀及一次性手套等。

3. 试剂及载气

(1) 溴化钾（KBr）：要求光谱纯级。

(2) 载气：N_2、He 或 Ar 等，要求纯度不小于 99.999％。

五、实验方法与步骤

(1) 将固体生物质燃料试样放入红外干燥箱内干燥，然后将其与溴化钾按照一定比例（建议 1∶100）放入研钵中充分研磨，作为待测样品；同时将溴化钾单独研磨作为空白样品。

(2) 在傅里叶红外分析仪中安装漫反射附件和原位池；依次打开电脑、仪器、软件并检查各项参数是否在指定范围内，根据需要设置分辨率、波长等扫描参数（实验 7-2 固体生物质燃料热重红外分析）；打开载气瓶，设置气体流速（200mL/min），并用载气吹扫气路，以保证惰性反应环境。

(3) 将空白样品放入原位池，用刮刀刮平，并拧紧窗片螺丝，拧螺丝时注意不要把窗片压碎。之后扫描背景，扫描结束后用吸尘器将空白样品清理干净。

(4) 在软件上设置样品名称，按照步骤（3）将待测样品放入原位池，用刮刀刮平，并固定窗片。

(5) 打开温控仪，设置升温程序，温控仪可以设置多段升温。例如，设置升温速率为 20℃/min，第一段终温设置为 200℃，温度达到 200℃并稳定 5min 后，开始扫描样品；扫样结束后，继续设置第二段终温为 300℃，并重复扫描步骤，每隔 100℃扫描一次，直到 600℃。

(6) 测试完毕后开始降温，并继续通载气。温度降低至 50℃后，取出样品，并清理原位池。按照扫描背景的设置再扫描一次，以检查窗片上是否凝结了挥发分；如果有，则会出现明显的红外谱图。

(7) 测试结束后，处理数据，清理实验台，更换附件，关闭仪器、温控仪、冷却水、载气和电脑。

六、实验结果与数据处理

基于原位红外光谱技术研究木质素热解，以高纯氮气（99.999％）为载气，载气流量为 200mL/min，以 20℃/min 的升温速率从室温升温到 600℃，并在 100℃、200℃、300℃、400℃、500℃、600℃六个温度点进行红外扫描，光谱范围为 4000~600cm^{-1}。图 7-3-6 所示为木质素原位热解红外谱图，表 7-3-1 为木质素原位热解红外谱图解析。木质素在 200~400℃条件下热解时会产生 H_2O、CH_4、CO 和 CO_2 等轻质气体，这是由于木质素苯环上的甲氧基以及侧链的断裂而产生的；继续升高热解温度至 450~600℃时，木质素则基本热解完全。

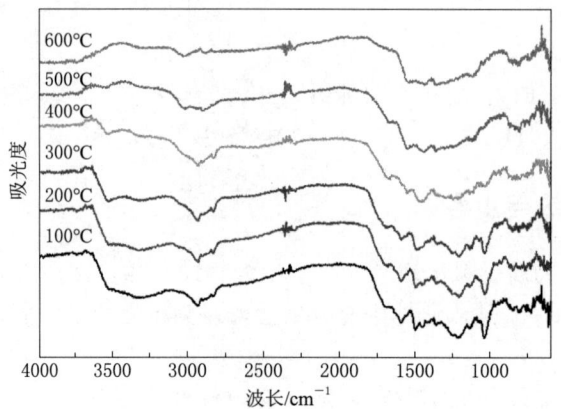

图 7-3-6　木质素原位热解红外谱图

表 7-3-1　　　　　　　　木质素原位热解红外图谱解析

吸收峰位置/cm^{-1}	吸收峰基团归属	吸收峰位置/cm^{-1}	吸收峰基团归属
3650～3000	—OH 伸缩振动	1610～1370	芳环 C—C 伸缩振动
2934～2750	芳香族-CH$_3$ 不对称伸缩振动	1470～1430	CH$_3$O—伸缩振动
2460～2300	CO$_2$	1330～900	芳环-C—H 面内弯曲
1675～1655	共轭芳香环酮基的 C=O 伸缩振动	1100～1020	直链 C—C 伸缩振动
1620～1600	芳香环骨架和 C=O 伸缩振动		

七、注意事项

（1）固体生物质燃料和溴化钾在测试前须保持干燥状态。

（2）所有用具需保持干燥、清洁。

（3）镜片不可擦拭，避免镜片损伤，仅可用色谱乙醇进行清洗。

（4）测量时先粗调原位池的高度使探测器接收到的能量最大，然后将待测样品装入样品池中，刮平样品表面，装上窗片，再细调原位池高度，保证红外光束最大限度地照射在样品上。

（5）热解温度不可超过控温仪最高量程。

思　考　题

1. 原位红外光谱分析主要包括哪些方法？
2. 与其他原位红外分析相比，原位漫反射红外的优势是什么？
3. 固体生物质燃料原位红外光谱分析的实验原理是什么？

实验 7-4　固体生物质燃料热重质谱分析

一、实验介绍

固体生物质燃料在热解反应过程中会释放出挥发分，且在不同热解阶段的挥发分组成也不同。明确热解挥发分组成随热解温度变化规律，对研究生物质燃料热解反应机理和明确热解特性具有重要意义。质谱法（Mass spectrum，MS）具有灵敏度高、样品用量少、响应时间短等优点，且是唯一一种可以确定产物分子式的分析手段。将热重分析仪与质谱仪联用，不仅可以得到固体生物质燃料在不同热解温度条件下的质量变化信息，而且可以对热转化过程中释放的挥发分进行实时监测和定性定量分析。

二、实验原理

1. 热重—质谱联用仪（TG-MS）

TG-MS 主要由 TG、MS、传输线和计算机组成，如图 7-4-1 所示。在程序升温过程中，固体生物质燃料会在热重分析仪中发生分解，质量变化会被转变为电信号传送至计算机，进而获得固体生物质燃料的热重曲线。同时，热解产生的挥发分在载气的携带作用下通过传输线进入质谱仪。在质谱仪中，挥发分中的各类分子会被电子流轰击电离成正电荷离子，甚至裂解为更小的离子碎片。这些离子随后在电场的作用下形成离子束，进入质量分析器，在电场和磁场的作用下，离子按质荷比（m/z）的大小分离。分离开的离子按 m/z 值大小依次进入离子检测器形成电信号，并由计算机处理形成质谱图。热重—质谱联用仪可以在记录固体生物质燃料质量变化的同时，对热转化过程中产生的挥发分进行分析，从而获得挥发分中各组分随热解温度的变化规律。

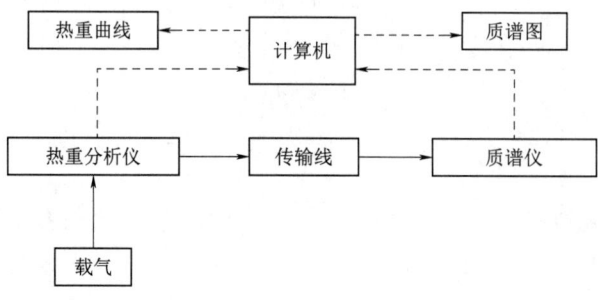

图 7-4-1　热重—质谱联用仪系统示意图

2. 质谱仪

质谱仪主要由进样系统、离子源、真空系统、质量分析器、离子检测器以及计算机组成，如图 7-4-2 所示。挥发分由进样系统进入离子源，由离子源实现对待测样品的电离，并对电离生成的离子进行加速。离子源的离子化方式决定了离子源的适用范围和电离效率。常见离子化方式有：电感耦合等离子体离子化（ICP）、大气压电离源（API）、化学电离（CI）、快原子轰击（FAB）、电子轰击电离（EI）、场电离（FI）、场解吸（FD）和基质辅助激光解析离子化（MALDI）。

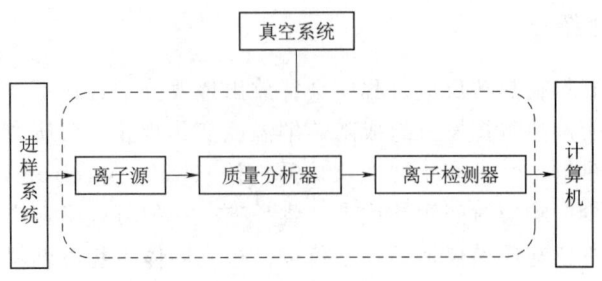

图 7-4-2 质谱仪系统示意图

以广泛使用的电子轰击电离（EI）为例来说明电离原理，如图7-4-3所示，电子轰击电离适用于电离气态分子。阴极发射具有一定能量的电子作用于待测分子，当电子的能量超过分子的电离电位时，分子会解离成离子。对电子的能量进行控制，可以影响电离生成碎片的数量和种类。当电子能量较低时，分子离子的产生概率增加；当电子能量较高时（至少为数百电子伏特），多电荷离子的产生概率增加。由于电子轰击电离的这种特性，采用相同能量的电子电离时，形成的离子重现性好，有利于总结规律和图谱检索。

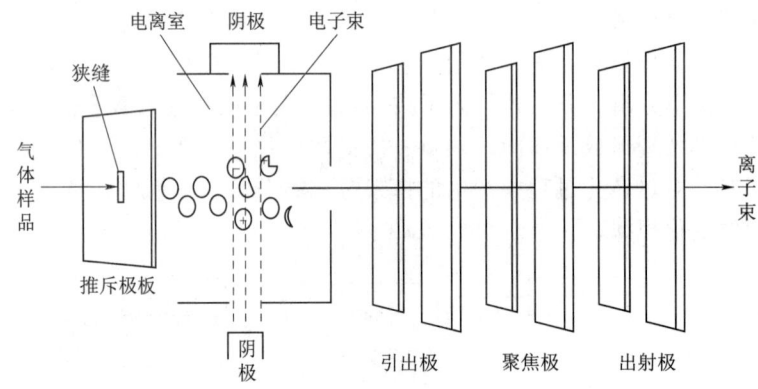

图 7-4-3 电子轰击电离示意图

离子由离子源加速后进入质量分析器并被分离。质量分析器是质谱仪中最重要的部分，其分离方法主要有磁偏转法、四极杆质谱法、飞行时间质谱法、离子阱质谱法、傅里叶变换质谱法等。本实验以常用于 TG-MS 的四极杆质谱法和飞行时间质谱法来说明离子的质量分离。

四极杆质谱法的核心为四根带有直流电压和叠加射频电压的电极杆，如图 7-4-4 所示，电极杆截面通常为双曲线或圆形，相对的电极杆为一组，且为等电位，两组电极杆之间电位相反。离子沿电极杆轴向进入由直流电压和射频电压组成的电场，并在电场的作用下产生振荡。当保持直流电压和射频电压的比值不变时，改变射频电压会使具有某种或一定范围 m/z 值的离子（振动幅度为共振振幅的离子）通过四极杆到达离子检测器，其他离子则会碰撞到电极杆进而被真空系统吸走。通过改变射频电压，实现了不同 m/z 值离子的分离。

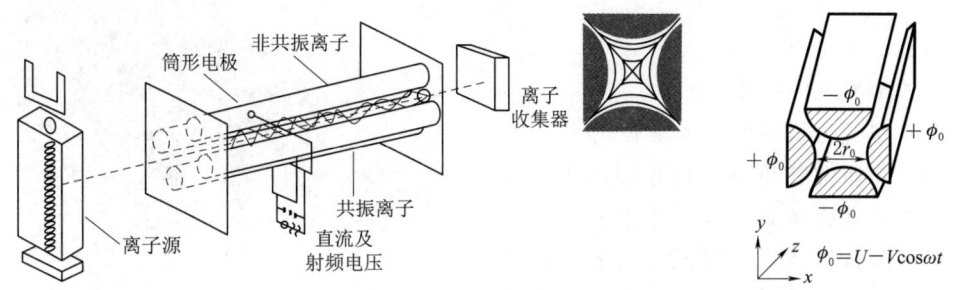

图 7-4-4　四极杆质谱法原理图

飞行时间质谱法的基本原理如图 7-4-5 所示，其主体为离子漂移管。样品分子先被离子源电离，生成的离子被引出电离室后，经由两个栅极形成的脉冲电场加速，进入高真空无场漂移管。在漂移管中，每个离子以恒定速度（与各离子的 m/z 值有关）移动至离子检测器。离子的 m/z 值越大，到达检测器所用时间越长；离子的 m/z 值越小，到达检测器所用时间越短，据此可以实现将不同 m/z 的离子分离。

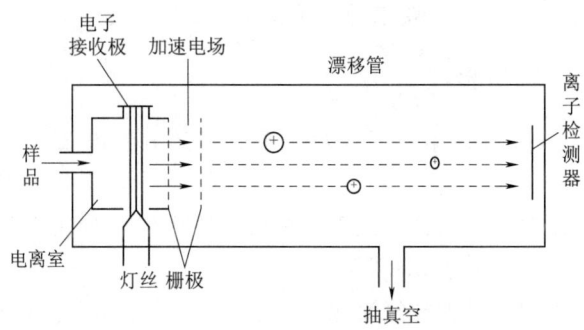

图 7-4-5　飞行时间质谱法原理图

四极杆质谱仪具有结构简单、操作方便、价格较低等特点，但其分辨率较低，且扫描得到的不是全谱。飞行时间质谱仪具有扫描速度快、对检测的分子质量没有限制、结构简单和分辨率相对较高的特点。

离子检测器收集被分离开的离子，将离子流转变为电信号并放大。最后，计算机记录电信号，处理后得到质谱图。质谱图是以质荷比为横坐标，丰度为纵坐标，最强的离子峰作为基峰（丰度100%），其他离子峰以相对基峰的百分值表示，即用不同高度的直线来代表不同质荷比离子的质谱峰。

三、实验目的及要求

（1）掌握质谱仪的基本构造及原理。

(2) 了解热重—质谱联用仪的实验方法。
(3) 掌握质谱图的分析方法。

四、仪器与试剂

1. TG‑MS

典型的 TG‑MS 如图 7‑4‑6 所示。其中，热重分析仪的技术参数与实验 7‑1 固体生物质燃料热重分析相同；质谱仪的离子源通常选择 EI 源，质量分析器一般为四极杆分析器或飞行时间分析器，离子检测器通常选择电子倍增器，要求扫描范围为 1～300u；传输线系统的最大运行温度一般为 400℃。

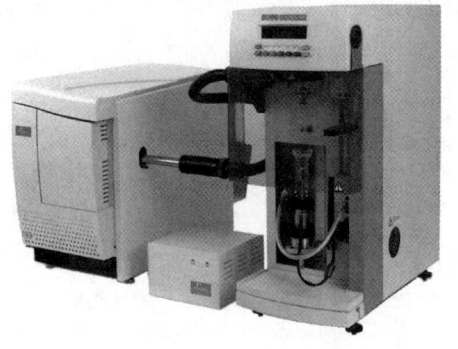

图 7‑4‑6　热重—质谱联用仪

2. 其他器具

(1) 电子天平：要求感量不低于 0.1mg。
(2) 坩埚：陶瓷坩埚或铂金坩埚。
(3) 真空泵：要求极限压强不高于 6×10^{-6}Pa，抽气速率不低于 67L/s。

3. 载气

载气包括 He、Ar 或 N_2，要求纯度不低于 99.999%。

五、实验方法与步骤

(1) 按照实验 7‑1 固体生物质燃料热重分析的方法准备待测固体生物质燃料试样。

(2) 打开各仪器的电源，其中热重分析仪和质谱仪至少在正式测试前 1h 打开，设置传输线温度（一般不低于 200℃）。

(3) 打开载气阀门，设置载气流速（一般为 40～150mL/min），使用真空泵抽吸热重分析仪 2～3 次或连续用载气吹扫 1h，排出测试系统内残留气体。

(4) 打开热重分析仪测试程序，选择储存位置和实验气氛，设置初始温度（一般为 50℃）、升温速率（一般为 10～30℃/min）、终止温度（一般为 500～800℃）等参数。

(5) 使用热重分析仪进行空白实验，空白实验参数设定与正式实验相同，空白实验结束后得到基线数据。

(6) 设置质谱仪的离子源参数（以 EI 源为例，通常设置电子能量为 70eV，温度为 200℃，灯丝发射电流为 300mA）、进样压力（一般为 1000mbar）、质量扫描范围（一般为 10～300u）、探测方式（一般为多重离子检测或全扫描）等。

(7) 当热重分析仪温度低于设定初始温度时，坩埚去皮后称量 5～15mg 固体生物质燃料试样平摊于坩埚中，并将坩埚放入热分析仪中开始测试。

(8) 使用质谱仪对挥发分进行分析。

(9) 实验完成后，关闭热重分析仪、真空泵和质谱仪，清理实验台。

六、实验结果与数据处理

1. 质谱图的解析

(1) 解析分子离子峰。

1) 标出各峰的质荷比数。

2) 确认分子离子峰。

首先在高 m/z 区预选分子离子峰，一般为除同位素峰外 m/z 值最大的峰，接着判断该峰与相邻离子峰（一般选质荷比较小的峰）关系是否合理，然后判断该峰是否符合氮律。

氮律（分子离子峰质量数的规律）：由 C、H、O 组成的有机化合物，分子离子峰的 m/z 值一定是偶数；由 C、H、O、N 组成的化合物，含奇数个 N 时，分子离子峰的 m/z 值是奇数，含偶数个 N 时，分子离子峰的 m/z 值是偶数。

3) 分析同位素峰簇的相对丰度比及峰与峰间的距离（DM 值）。

4) 推导分子式，计算不饱和度（Ω）。主要用高分辨质谱仪测得的精确分子量或由同位素峰簇的相对强度来推导分子式。

不饱和度 Ω 按式（7-4-1）计算：

$$\Omega = 双键数 + 三键数 \times 2 + 环数 \quad (7-4-1)$$

若有机物化学式为 $C_xH_yN_zO_n$，则 Ω 按式（7-4-2）计算：

$$\Omega = \frac{2x+2+z-y}{2} \quad (7-4-2)$$

5) 通过分子离子峰的相对强度了解分子结构信息。一般来说，结构稳定性越好，分子离子峰的相对强度越大。

(2) 解析碎片离子。

1) 记录主要碎片离子峰的质荷比及其相对丰度。

2) 根据离子质荷比分析判断分子脱掉自由基或小分子的可能结构。

3) 找出亚稳定离子，推断其开裂类型。

若质谱图中基峰或强峰出现在质荷比的中部，而其他碎片离子峰较少，则化合物可能由两个结构较稳定的部分组成，且两者由弱键连接。

(3) 初步推测结构。分析从以上步骤得到的全部结构信息，列出可能存在的结构单元，再结合分子式及不饱和度，推测可能的化合物结构。

(4) 确定结构。分析可能结构的裂解机理，看其是否与质谱图相符，并与标准谱图比较，或结合其他谱图（如核磁共振氢谱图、碳谱图和红外谱图等），最终确定结构。

2. 实例解析

称取 10mg 纤维素置于陶瓷坩埚中，然后放入热重分析仪，氩气流速 40mL/min，以 30℃/min 的恒定加热速率从室温升温到 800℃。实验过程中质谱仪的毛细管线温度保持在 200℃，MS 光谱以 $m/z=1\sim57$u 的全扫描模式记录。

图 7-4-7 给出了纤维素热解过程中 $m/z=18$、28、44 的气体质谱离子流强度曲线。某一 m/z 值对应的离子流强度变化可以反映出该 m/z 值所代表物质的浓度变化。图 7-4-7（a）中出现两个峰，低温段（35～170℃）对应的峰主要为纤维素中自由水的释出，而高温段（250～450℃）对应的峰则为纤维素发生脱水反应所致。

图 7-4-7（b）中，CO（$m/z=28$）析出的起始温度大约为 260℃，并在 345℃ 达到峰值。CO 主要由脱羰基反应、C—O—C 键断裂等反应生成。值得注意的是，$m/z=28$ 还可以代表 C_2H_4，但其含量较少。

图 7-4-7（c）中，$m/z=44$ 代表 CO_2，其主要释出区间为 240～500℃，信号峰值出现在 340℃，CO_2 主要由脱羧反应生成。

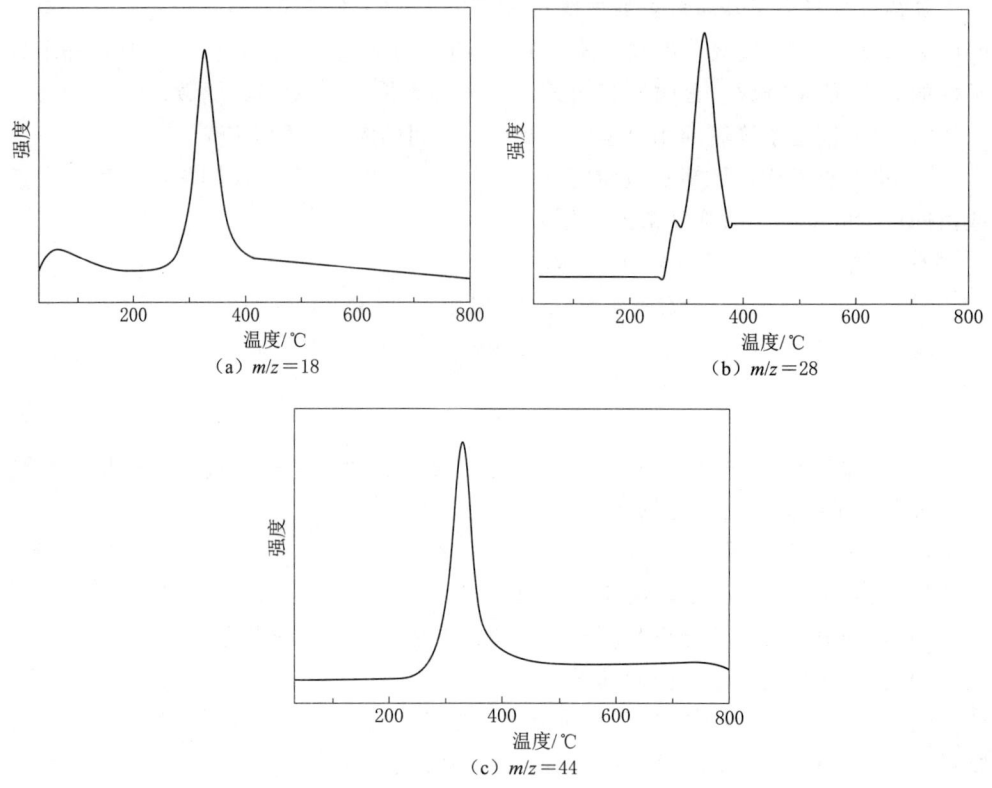

图 7-4-7 纤维素热解过程中 m/z 为 18、28 和 44 的 MS 响应信号

七、注意事项

（1）实验进行时，尽量避免一切振动干扰。

（2）真空泵抽吸：开启真空泵，关闭热重分析仪的进气阀门和排气阀门，打开真空泵抽气阀门，将热重分析仪内的压力降为负压（$-0.5×10^5$Pa 左右）；关闭真空泵抽气阀门，打开热重分析仪的充气阀门，待热重分析仪内的压力升至 0Pa 以上，关闭充气阀门；抽吸过程结束后，打开进气阀门和排气阀门，同时关闭真空泵的电源。

（3）为保护仪器，热分析仪需冷却至50℃以下，才能进行下一次实验。

思 考 题

1. 简述质谱仪的工作原理。

2. 气体从热重分析仪中进入质谱仪并形成信号需要一定时间，这个时间差是否会造成TG和MS测定结果不能一一对应？

3. 热重分析仪中的残留气体未被完全清除会对TG-MS测定产生什么影响？

实验 7-5 固体生物质燃料热裂解—气相色谱质谱联用分析

一、实验介绍

快速热解是一种重要的固体生物质燃料热转化技术，然而其热解产物极为复杂。此外，快速热解也是固体生物质燃料在燃烧等过程中的第一步反应。不同固体生物质燃料快速热解的产物不同，相同原料在不同工况（热解温度、热解时间等）下的产物也有显著差异。为了解固体生物质燃料的快速热解特性和产物分布，必须对快速热解产物进行定性定量分析。热裂解—气相色谱质谱联用分析仪（Pyrolysis-chromatography/mass spectrometry，Py-GC/MS）耦合了快速热裂解仪和气相色谱质谱联用仪两个装置的功能，能够在实现固体生物质燃料快速热解的同时对热解产物进行在线分析，通过检测热解产物组成并分析其相对含量，可以明确热解产物与热解工况之间的关系。

二、实验原理

Py-GC/MS 是由快速热裂解仪（Py）和气相色谱质谱联用仪（GC/MS）两部分组成，其实验原理如图 7-5-1 所示。在 Py 中，固体生物质燃料试样迅速受热发生分解，热解产生的挥发分不经冷凝（也可经冷凝后再加热析出），直接在载气吹扫下迅速离开装载试样的石英管和高温热解反应区，并经过传输管导入 GC/MS 中进行分析，获

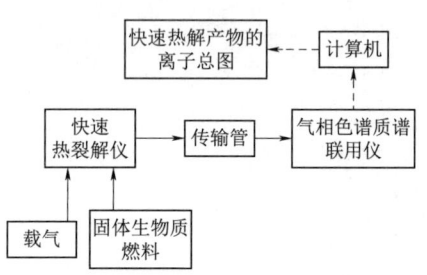

图 7-5-1 热裂解—气相色谱质谱联用分析仪示意图

得快速热解产物的离子总图，最后再结合 NIST、Wiley 质谱数据库对热解产物进行鉴定，从而实现对热解产物的定性解析。利用 Py-GC/MS 能够实现对热解产物的离子在线检测分析，极大限度地避免了二次裂解反应的发生，因此，获得的产物可以认为是由固体生物质燃料一次热解产生的，这也是利用此方法分析固体生物质燃料热解反应机理的主要优势。

气相色谱法的工作原理是根据不同物质在固定相与流动相之间分配系数的差异，导致不同化合物从色谱柱析出的时间不同，据此达到组分分离的目的。气相色谱柱的固定相通常为比表面积较大的活性吸附剂。当含有多组分的混合样品进入色谱柱后，由于吸附剂对各组分吸附能力的差异，在惰性载气（流动相）的作用下，各组分向前移动并反复在两相间多次分配。吸附力弱的组分最易解吸下来，在柱内滞留时间较短，最早离开色谱柱；而吸附力强的组分则因难以被解吸下来，滞留时间长，最后离开色谱柱，从而实现各组分在色谱柱内的依次分离。如果所分析样品复杂、沸点范围宽、组分多，可以采用程序升温或更换色谱柱类型等方式。

在选择色谱柱时，首先需要清楚所分析样品的类型和性质，再根据样品的极性选

择合适的固定相。色谱柱极性对组分的分离效果影响很大，色谱柱的选择需要遵循"相似相溶原理"。对于主要根据组分沸点不同实现分离的，选择非极性固定相；对于主要根据组分与固定相之间化学作用实现分离的，则选择极性固定相。除了极性外，固定相液膜厚度也是影响组分有效分离的关键因素。液膜厚度与组分在色谱柱内的滞留时间有关，液膜越厚，组分在色谱柱内的滞留时间越长。因此，在分析挥发性强的物质时，为延长其在柱内的滞留时间，宜选用较厚的液膜；而分析不易挥发、热稳定性差的物质时，则选择较薄的液膜，以降低它们在色谱柱内滞留的时间。

气相色谱法难以通过保留时间对色谱峰对应的化合物进行定性分析，具有一定的局限性。而质谱法具有定性专属性强、灵敏度高、检测快速的优势（实验7-4 固体生物质燃料热重质谱分析），但由于杂质形成的本底会对样品质谱图产生干扰，不利于质谱图的解析，所以对样品的纯度要求较高。因此，将气相色谱仪和质谱仪有效结合，既发挥了气相色谱的分离专长，又充分利用了质谱的定性分析能力，优势互补，能够实现对固体生物质燃料复杂热解产物的定性分析。

三、实验目的及要求

（1）掌握固体生物质燃料热裂解—气相色谱质谱联用仪的方法及操作步骤。
（2）了解热裂解—气相色谱质谱联用分析技术的原理及应用。
（3）掌握典型固体生物质燃料的主要热解产物。

四、仪器与试剂

1．热裂解—气相色谱质谱联用仪

典型的 Py-GC/MS 如图 7-5-2 所示。Py 的热解温度一般可高达 1000℃，热解时间在 0.1~999s 内可调，升温速率可达到 20℃/ms；GC/MS 的柱箱温度可高达 450℃，分流比最大为 500∶1，离子源一般为 EI 源，质量分析器为四极杆分析器，其扫描范围为 1~1200u。

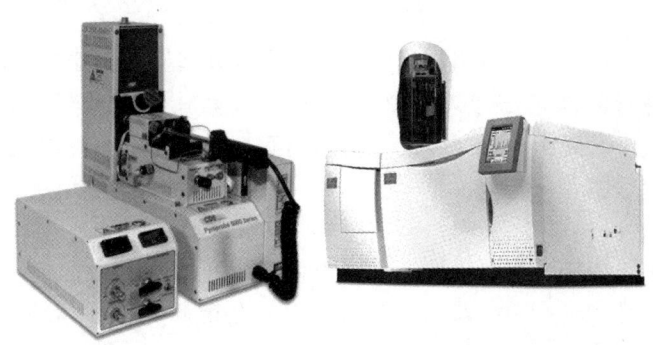

图 7-5-2 热裂解—气相色谱质谱联用仪

2．其他实验用具
（1）精密电子天平：要求感量不低于 0.01mg。
（2）高纯氦气：要求纯度不低于 99.999%。

(3) 石英管、石英棉：用于装填固体生物质燃料试样。

五、实验方法与步骤

1. 样品制备

按照实验7-1固体生物质燃料热重分析的实验方法准备待测固体生物质燃料试样。

2. 开机

先将Py和GC/MS连接，打开氦气瓶减压阀，并将压力调节至0.5MPa，打开电脑、真空泵、Py和GC/MS等仪器的电源，打开Py和GC/MS的操作软件。

3. 称量样品

取干净石英管，一端放入石英棉，用精密电子天平进行称量，待读数稳定后记下初始质量m_0；取出石英管，装入固体生物质燃料粉末试样，并称量，待天平读数稳定后记录质量m_1（注意每次尽量少加，添加过量时需要重新称量）；实际的固体生物质燃料用量$m = m_1 - m_0$（一般为0.2mg）；最后在石英管中样品上端加装石英棉固定，如图7-5-3所示。

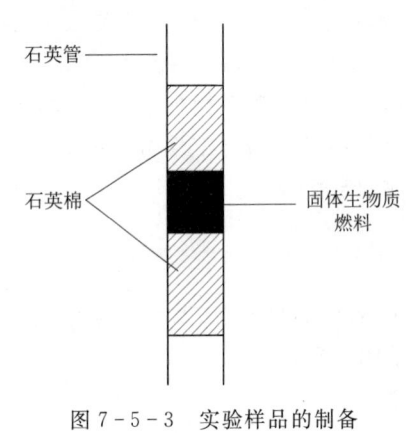

图7-5-3 实验样品的制备

4. 参数设置

根据实验要求，设置Py和GC/MS的工作参数。典型参数设置如下：Py的八通阀和传输管的温度设置为300℃，GC进样口温度设置为300℃，MS的入口和离子源温度设置为280℃；根据热解产物组成特征，设置相应的GC柱箱升温程序。例如：首先在40℃保持3min，再以4℃/min的速率升温至180℃，随后以10℃/min的速率升温至280℃，并保持2min。当热解产物种类较少时，可以适当增加升温速率，而当热解产物较为复杂时，则反之。

5. 测定

上述操作完成后，待所有温度达到设定温度后装载样品；建立样品文件名称及保存路径，选择所需热解温度和热解时间（一般固体生物质燃料的热解温度为300~650℃，热解时间为10~30s)，然后运行程序；实验结束待温度降至初始状态后方可重复上述步骤，进行下一组实验。

6. 数据处理

导出固体生物质燃料快速热解产物离子总图等相关数据。

7. 关机

待Py和GC/MS的温度降至设定温度后，依次关闭软件、电脑、仪器电源开关、载气阀门。

六、实验结果与数据处理

以杨木为原料开展热解实验，实验条件如下：热解温度为500℃，热解时间为

20s；载气为氦气，Py 八通阀、传输管以及 GC 进样口的温度设置为 300℃，MS 的入口和离子源温度设置为 280℃。GC 程序升温条件为：40℃保持 3min，再以 4℃/min 的速率升温至 180℃，随后以 10℃/min 的速率升温至 280℃，并保持 4min。

(1) 绘制杨木热解的离子总图，根据 NIST 谱库，对热解产物进行定性分析，并标注出主要产物对应的出峰位置，如图 7-5-4 所示。

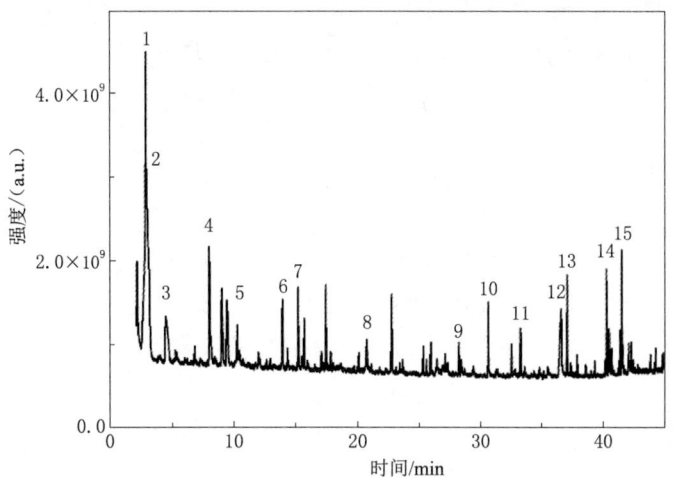

图 7-5-4　500℃下杨木快速热解的离子总图

(2) 记录主要的热解产物及其保留时间，如表 7-5-1 所示。

表 7-5-1　　　　　　500℃下杨木快速热解主要产物

序号	保留时间/min	产物名称	分子式	相对分子质量
1	2.67	羟基乙醛	$C_2H_4O_2$	60
2	2.71	乙酸	$C_2H_4O_2$	60
3	4.15	1-羟基-2-丙酮	$C_3H_6O_2$	74
4	7.65	乙酰氧基乙酸	$C_4H_6O_4$	118
5	9.83	糠醛	$C_5H_4O_2$	96
6	13.46	2-羟基-2-环戊酮	$C_5H_6O_2$	98
7	14.73	苯酚	C_6H_6O	94
8	17.60	2-甲基苯酚	C_7H_8O	108
9	27.64	2-甲氧基-4-乙烯基苯酚	$C_9H_{10}O_2$	150
10	29.36	2,6-二甲氧基苯酚	$C_8H_{10}O_3$	154
11	32.70	1,2,4-三甲氧基苯	$C_9H_{12}O_3$	168
12	36.02	左旋葡聚糖	$C_6H_{10}O_5$	162
13	36.43	1,3-二甲氧基苯乙酮	$C_{10}H_{12}O_3$	180
14	39.81	4-烯丙基-2,6-二甲氧基苯酚	$C_{11}H_{14}O_3$	194
15	41.67	棕榈酸	$C_{16}H_{32}O_2$	256

七、注意事项

(1) 实验过程中固体生物质燃料试样质量一般为 0.20~0.30mg。但对于纤维素、木质素、木聚糖等纯样品,用量一般不大于 0.20mg。每次取样要求准确称量,误差控制在 ±0.01mg。为减小称量误差,称量时样品添加次数不得超过 3 次。

(2) 实验前需检查仪器是否漏气。

(3) 更换新毛细管色谱柱时,需对其进行老化处理。

思 考 题

1. 简述气相色谱法的工作原理。
2. 色谱柱的选择需要遵从什么原则?
3. 如何正确设置 GC 柱箱升温程序?
4. 如何根据 NIST 谱库确定热解产物?
5. 根据纤维素、半纤维素和木质素的结构特点,试分析不同热解产物的来源。